学習指導要領対応

KUMON

4年生

もくじ

1 わり算①

とく点　　点

答え➡別冊解答1ページ

1 色紙が56まいあります。これを7人で同じ数ずつ分けます。1人分は何まいになりますか。〔8点〕

式 $56 \div 7 = \square$

答え □ まい

2 はり金が40cmあります。これをどれも同じ長さになるように8本に切ります。1本分の長さを何cmにすればよいでしょうか。〔8点〕

式 $40 \div 8 =$

答え

3 えん筆が48本あります。これを1人に6本ずつ分けると何人に分けることができますか。〔8点〕

式

答え

4 ジュースが1L5dLあります。これを1本のビンに3dLずつ入れていきます。ビンは何本あればよいでしょうか。〔8点〕

式

答え

5 おはじきが60こあります。これを3人で同じ数ずつ分けます。1人分は何こになりますか。〔8点〕

式

答え

6 みかんが25こあります。これを4人で同じ数ずつ分けると，1人分は何こになりますか。また，何こあまりますか。〔10点〕

式

答え

7 65さつのノートを9人で同じ数ずつ分けます。1人分は何さつになりますか。また，何さつあまりますか。〔10点〕

式

答え

8 バナナが23本あります。これを1人に5本ずつ分けると，何人に分けられますか。また，何本あまりますか。〔10点〕

式

答え

9 おかしがぜんぶで50こあります。これを1箱に8こずつ入れると，何箱できますか。また，何こあまりますか。〔10点〕

式

答え

10 28このみかんを，1ふくろに5こずつ入れて売ります。何ふくろ売ることができますか。〔10点〕

式

答え

11 画びょうが50こあります。1まいのポスターをはるのに画びょうを6こ使います。ポスターを何まいはることができますか。〔10点〕

式

答え

2 わり算②

とく点　　点

答え➡ 別冊解答1ページ

1　重さが27kgの鉄のぼうがあります。この鉄のぼうを同じ重さになるように9本に切ります。1本の重さは何kgになるでしょうか。〔8点〕

式　27÷9＝□

答え　□kg

2　花が56本あります。これを7本ずつのたばにします。花のたばは全部で何たばできますか。〔8点〕

式　56÷7＝

答え

3　画用紙が80まいあります。これを4組で同じまい数ずつ分けると，1組分は何まいになりますか。〔8点〕

式

答え

4　りんごが40こあります。1ふくろに2こずつ分けて入れると，何ふくろに入れることができますか。〔8点〕

式

答え

5　あめが48こあります。これを1人に7こずつ分けると，何人に分けることができますか。また，あめは何こあまりますか。〔8点〕

式

答え

6 いすが30きゃくあります。これを１回に４きゃくずつ運びます。全部を運ぶには何回かかりますか。〔10点〕

式

答え ______

7 はばが47cmの本立てに，あつさが５cmの本を立てていくと，本を何さつ立てることができますか。〔10点〕

式

答え ______

8 ビルの高さは32mで，えいたさんの家の高さは４mです。ビルの高さはえいたさんの家の高さの何倍ですか。〔10点〕

式

答え ______

9 おはじきが96こあります。これを３人で同じ数ずつ分けると，１人分は何こになりますか。〔10点〕

式

答え ______

10 みかんが36こあります。このみかんを１つのかごに３こずつ入れると，かごは何こあればよいですか。〔10点〕

式

答え ______

11 色紙が84まいあります。これを４人で同じまい数ずつ分けると，１人分は何まいになりますか。〔10点〕

式

答え ______

3 わり算③

とく点　　点

答え➡別冊解答 1・2ページ

1 1本40円のえん筆があります。240円でこのえん筆を何本買うことができますか。〔8点〕

式　240÷40＝□

答え　□本

2 花が150本あります。これを30本ずつのたばにすると，何たばできますか。〔8点〕

式　150÷30＝

答え　たば

3 1本50円のえん筆があります。350円でこのえん筆を何本買うことができますか。〔8点〕

式

答え

4 長さ160cmのテープから，1本20cmのテープを何本とることができますか。〔8点〕

式

答え

5 あめが240こあります。これを30人で同じ数ずつ分けると，1人分は何こになりますか。〔8点〕

式

答え

6 ジュースが140本あります。これを20本ずつ箱に入れていくと，何箱できますか。〔8点〕

式

答え

7 いちごが350こあります。これを50人で同じ数ずつ分けると，１人分は何こになりますか。〔8点〕

式

答え ＿＿＿＿＿＿

8 かんづめが480こあります。これを60こずつ箱に入れていくと，何箱できますか。〔8点〕

式

答え ＿＿＿＿＿＿

9 １こ70円の球根があります。420円では何こ買うことができますか。〔8点〕

式

答え ＿＿＿＿＿＿

10 １さつ90円のノートがあります。450円では何さつ買うことができますか。〔8点〕

式

答え ＿＿＿＿＿＿

11 色紙が640まいあります。これを１たばが80まいずつになるように分けると，何たばできますか。〔10点〕

式

答え ＿＿＿＿＿＿

12 長さ２m80cmのひもがあります。このひもから１本40cmのひもは何本とれますか。〔10点〕

式

答え ＿＿＿＿＿＿

4 わり算④

とく点

点

答え➡ 別冊解答(べっさつかいとう) 2ページ

1 200円持ってみかんを買いに行きました。１こ30円のみかんを何こ買うことができますか。また，何円あまりますか。〔10点〕

式 200÷30＝□あまり□

答え □こ買えて，□円あまる。

2 どんぐりが130こあります。これを20人で同じ数ずつ分けます。１人分は何こになりますか。また，どんぐりは何こあまりますか。〔10点〕

式 130÷20＝

答え １人分は　こで，　こあまる。

3 300円持ってえん筆を買いに行きました。１本40円のえん筆を何本買うことができますか。また，何円あまりますか。〔10点〕

式

答え

4 長さ150cmのテープがあります。このテープから１本20cmのテープは何本とれますか。また，何cmあまりますか。〔10点〕

式

答え

5 紙が250まいあります。これを１たば40まいずつになるように分けると，何たばできますか。また，紙は何まいあまりますか。〔10点〕

式

答え

6 クッキーが230こあります。これを50人で同じ数ずつ分けます。１人分は何こになりますか。また，クッキーは何こあまりますか。〔10点〕

式

答え

7 500円持ってりんごを買いに行きました。１こ70円のりんごを何こ買うことができますか。また，何円あまりますか。〔10点〕

式

答え

8 いちごが450こあります。これを60こずつ箱に入れていきます。60こ入りの箱は何箱できますか。また，いちごは何こあまりますか。〔10点〕

式

答え

9 色紙が350まいあります。これを80人で同じ数ずつ分けると，１人分は何まいになりますか。また，何まいあまりますか。〔10点〕

式

答え

10 長さ２ｍのひもを30cmずつ，同じ長さに切ります。１本30cmのひもは何本できますか。また，何cmあまりますか。〔10点〕

式

答え

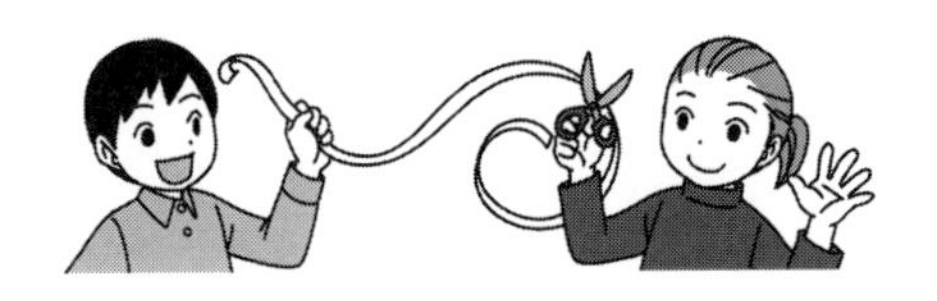

5 わり算⑤

とく点　　点

答え➡別冊解答2ページ

1 色紙が42まいあります。これを14人で同じ数ずつ分けると，1人分は何まいになりますか。〔8点〕

式 42÷14＝□

答え □ まい

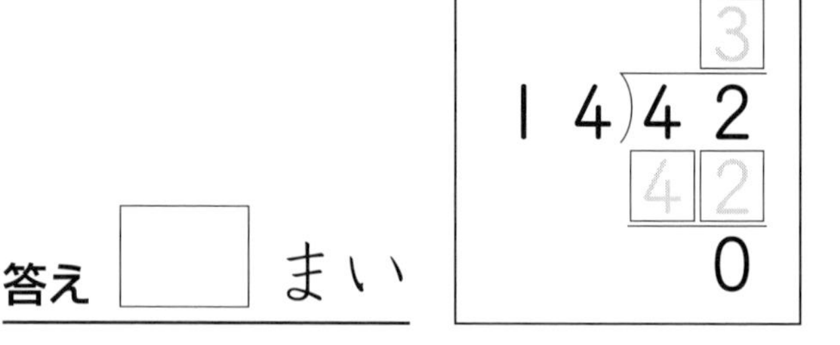

2 みかんが48こあります。これを12人で同じ数ずつ分けると，1人分は何こになりますか。〔8点〕

式 48÷12＝

答え　　こ

3 画用紙が63まいあります。これを21人で同じ数ずつ分けると，1人分は何まいになりますか。〔8点〕

式

答え

4 キャラメルが76こあります。これを38人で同じ数ずつ分けると，1人分は何こになりますか。〔8点〕

式

答え

5 たまごが96こあります。これを24ふくろに同じ数ずつ分けて入れます。1ふくろに何こずつ入れればよいでしょうか。〔8点〕

式

答え

6 いちごが84こあります。これを12箱に同じ数ずつ分けて入れます。1箱に何こずつ入れればよいでしょうか。〔10点〕

式

答え ＿＿＿＿＿＿

7 チョコレートが78こあります。これを13人で同じ数ずつ分けると，1人分は何こになりますか。〔10点〕

式

答え ＿＿＿＿＿＿

8 花が64本あります。これを16本ずつのたばにします。16本のたばは何たばできますか。〔10点〕

式

答え ＿＿＿＿＿＿

9 長さ75cmのテープから，25cmのテープは何本とれますか。〔10点〕

式

答え ＿＿＿＿＿＿

10 作文用紙が72まいあります。これを18人で同じ数ずつ分けると，1人分は何まいになりますか。〔10点〕

式

答え ＿＿＿＿＿＿

11 92この荷物があります。これをトラック1台に23こずつのせて運びます。トラック何台分になりますか。〔10点〕

式

答え ＿＿＿＿＿＿

6 わり算⑥

とく点　　　点

答え➡別冊解答 2ページ

1 おはじきが75こあります。これを18人で同じ数ずつ分けると，1人分は何こになりますか。また，何こあまりますか。〔10点〕

式 75÷18=□あまり□

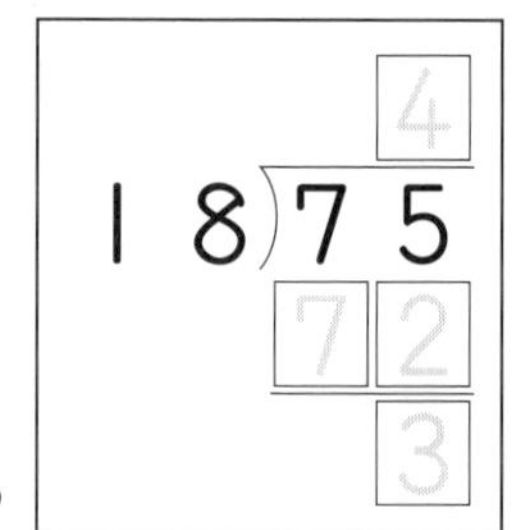

答え 1人分は□こで，□こあまる。

2 画用紙が76まいあります。これを24人で同じ数ずつ分けると，1人分は何まいになりますか。また，何まいあまりますか。〔10点〕

式 76÷24=

答え 1人分は　まいで，　まいあまる。

3 せんべいが86まいあります。これを21人で同じ数ずつ分けると，1人分は何まいになりますか。また，何まいあまりますか。〔10点〕

式

答え

4 色紙が80まいあります。これを25人で同じ数ずつ分けると，1人分は何まいになって，何まいあまりますか。〔10点〕

式

答え

5 花が95本あります。これを45人で同じ数ずつ分けると，1人分は何本になって，何本あまりますか。〔10点〕

式

答え

6 たまごが65こあります。これを12こずつ箱に入れていきます。12こ入りの箱は何箱できて，何こあまりますか。〔10点〕

答え

7 色紙が84まいあります。これを16まいずつふくろに入れていきます。16まい入りのふくろは何ふくろできて，何まいあまりますか。〔10点〕

答え

8 きゅうりが98本あります。これを24本ずつ箱に入れていきます。24本入りの箱は何箱できて，何本あまりますか。〔10点〕

答え

9 りんごが95ことれました。これを15こずつ箱に入れていきます。15こ入りの箱は何箱できて，何こあまりますか。〔10点〕

答え

10 長さ58cmのひもがあります。これを13cmずつに切っていきます。13cmのひもは何本できて，何cmあまりますか。〔10点〕

答え

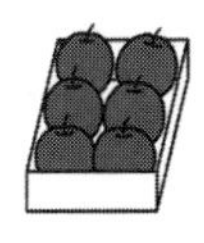

7 わり算⑦

とく点　　点

答え➡ 別冊解答 2・3ページ

1 ボールが112こあります。これを16人で同じ数ずつ分けると，1人分は何こになりますか。〔8点〕

式 112÷16＝□

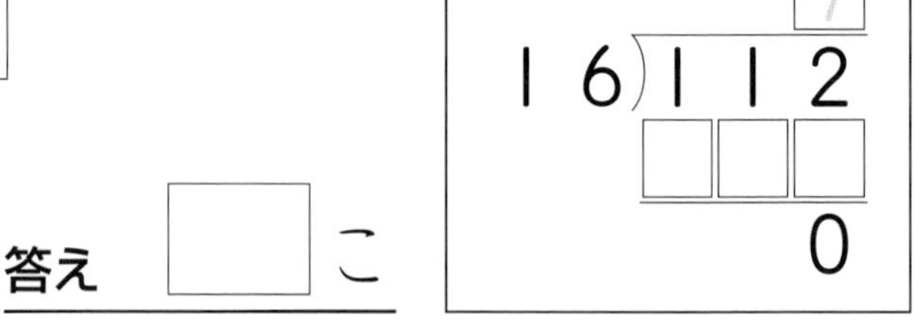

答え □こ

2 いちごが144こあります。これを24人で同じ数ずつ分けると，1人分は何こになりますか。〔8点〕

式 144÷24＝

答え　　こ

3 画用紙が108まいあります。これを18人で同じ数ずつ分けると，1人分は何まいになりますか。〔8点〕

式

答え

4 おはじきが140こあります。これを28人で同じ数ずつ分けると，1人分は何こになりますか。〔8点〕

式

答え

5 長さ2m25cmのテープがあります。これを同じ長さに切って25本に分けると，1本のテープは何cmになりますか。〔8点〕

式

答え

6 りんごが126こあります。これを18こずつ箱に入れます。18こ入りの箱は何箱できますか。〔10点〕

式

答え

7 色紙が156まいあります。これを1人に26まいずつ分けると，何人に分けることができますか。〔10点〕

式

答え

8 きゅうりが192本あります。これを24本ずつ箱に入れます。24本入りの箱は何箱できますか。〔10点〕

式

答え

9 224この荷物があります。これをトラック1台に32こずつのせて運びます。トラック何台分になりますか。〔10点〕

式

答え

10 花が245本あります。これを1人に35本ずつ分けると，何人に分けることができますか。〔10点〕

式

答え

11 長さ2m52cmのテープがあります。これを切って1本42cmのテープをつくります。42cmのテープは何本できますか。〔10点〕

式

答え

8 わり算⑧

とく点　　点

答え➡別冊解答3ページ

1 花が115本あります。これを14人で同じ数ずつ分けると，1人分は何本になって，何本あまりますか。〔10点〕

式　115÷14=□あまり□

答え　1人分は□本で，□本あまる。

```
       8
14)115
   112
     □
```

2 画用紙が145まいあります。これを23人で同じ数ずつ分けると，1人分は何まいになって，何まいあまりますか。〔10点〕

式　145÷23=

答え　1人分は　まいで，　まいあまる。

3 ノートが110さつあります。これを26人で同じ数ずつ分けると，1人分は何さつになって，何さつあまりますか。〔10点〕

式

答え

4 おはじきが100こあります。これを同じ数ずつ13のふくろに分けて入れます。1ふくろに何こずつ入れればよいでしょうか。また，何こあまりますか。〔10点〕

式

答え

5 色紙が260まいあります。これを36人で同じ数ずつ分けると，1人分は何まいになって，何まいあまりますか。〔10点〕

式

答え

6 くりが165こあります。これを１人に18こずつ配ると，何人に配れて，何こあまりますか。〔10点〕

式

答え

7 かきが200ことれました。これを24こずつ箱に入れると，24こ入りの箱は何箱できて，何こあまりますか。〔10点〕

式

答え

8 いちごが260こあります。これを35こずつ箱に入れると，35こ入りの箱は何箱できて，何こあまりますか。〔10点〕

式

答え

9 長さ３m70cmのテープがあります。これを切って１本45cmのテープをつくります。45cmのテープは何本できて，何cmあまりますか。〔10点〕

式

答え

10 牛にゅうが14L６dLあります。これを１L８dLずつびんに入れます。１L８dL入りのびんは何本できて，何dLあまりますか。〔10点〕

式

答え

9 わり算⑨

とく点　　点

答え➡ 別冊解答 3ページ

1 ノートが294さつあります。これを21人で同じ数ずつ分けると，1人分は何さつになりますか。〔8点〕

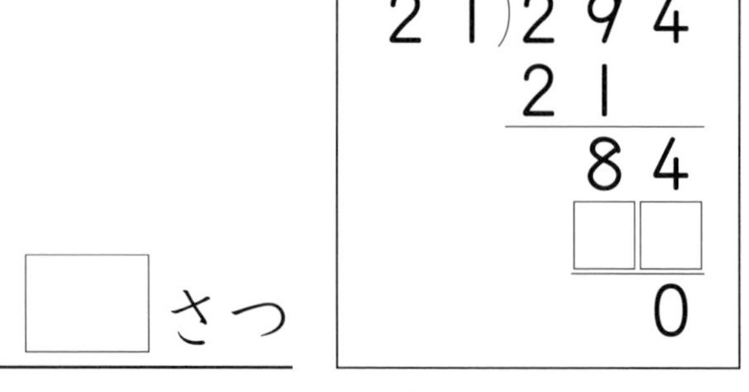

式 294÷21＝□

答え □さつ

2 色紙が156まいあります。これを13人で同じ数ずつ分けると，1人分は何まいになりますか。〔8点〕

式 156÷13＝

答え　　まい

3 いちごが198こあります。これを18人で同じ数ずつ分けると，1人分は何こになりますか。〔8点〕

式

答え

4 はがきが336まいあります。これを28人で同じ数ずつ分けると，1人分は何まいになりますか。〔8点〕

式

答え

5 おはじきが560こあります。これを35のふくろに同じ数ずつ分けて入れます。1ふくろに何こずつ入れればよいでしょうか。〔8点〕

式

答え

6 かきが144ことれました。これを12こずつ箱に入れます。12こ入りの箱は何箱できますか。〔10点〕

式

答え

7 みかんが384こあります。これを24こずつ箱に入れます。24こ入りの箱は何箱できますか。〔10点〕

式

答え

8 あめが368こあります。これを１人に16こずつ配ります。何人に配ることができますか。〔10点〕

式

答え

9 花が504本あります。これを１人に21本ずつ分けます。何人に分けることができますか。〔10点〕

式

答え

10 トマトが594こあります。これを27こずつ箱に入れます。27こ入りの箱は何箱できますか。〔10点〕

式

答え

11 長さ６ｍのテープがあります。これを切って１本15cmのテープをつくります。15cmのテープは何本できますか。〔10点〕

式

答え

10 わり算⑩

とく点　　点

答え➡ 別冊解答 3ページ

1 バナナが184本あります。これを12人で同じ数ずつ分けると，1人分は何本になって，何本あまりますか。〔10点〕

式 184÷12=□あまり□

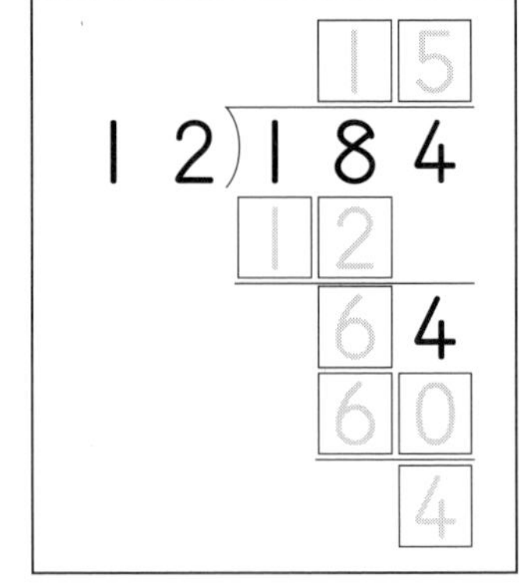

答え 1人分は□本で，□本あまる。

2 画用紙が255まいあります。これを18人で同じ数ずつ分けると，1人分は何まいになって，何まいあまりますか。〔10点〕

式 255÷18=

答え 1人分は　まいで，　まいあまる。

3 いちごが306こあります。これを15人で同じ数ずつ分けると，1人分は何こになって，何こあまりますか。〔10点〕

式

答え

4 くりが380こあります。これを16のふくろに同じ数ずつ分けて入れます。1ふくろに何こずつ入れればよいでしょうか。また，何こあまりますか。〔10点〕

式

答え

5 おはじきが350こあります。これを1人に23こずつ分けると，何人に分けられて，何こあまりますか。〔10点〕

式

答え

6 えん筆が200本あります。これを1ダースずつ箱に入れます。1ダース入りの箱は何箱できて，何本あまりますか。〔10点〕

答え

7 花が375本あります。これを14本ずつたばにします。14本のたばは何たばできて，何本あまりますか。〔10点〕

答え

8 きゅうりが555本とれました。これを25本ずつ箱に入れます。25本入りの箱は何箱できて，何本あまりますか。〔15点〕

答え

9 長さ6m40cmのテープがあります。これを1本35cmずつ切っていきます。35cmのテープは何本できて，何cmあまりますか。〔15点〕

答え

11 わり算⑪

とく点　　点

答え➡ 別冊解答（べっさつかいとう） 4ページ

1　95この荷物を１回に16こずつトラックで運びます。全部の荷物を運ぶには，何回かかりますか。〔8点〕

式　95÷16＝5 あまり 15

5＋1＝□

答え □ 回

2　45Ｌ入る水そうがあります。この水そうに12Ｌ入りのバケツ１つで水を運んで入れます。水そうがいっぱいになるまで水を運ぶには，何回運べばよいでしょうか。〔8点〕

式　45÷12＝

答え　　回

3　りんごが80こあります。これを１箱に14こずつ入れます。全部のりんごを入れるには，箱は何箱あればよいでしょうか。〔8点〕

式

答え

4　花が87本あります。これを18本ずつ花びんにさします。全部の花をさすには，花びんはいくつあればよいでしょうか。〔8点〕

式

答え

5　画用紙１まいで16まいのカードをつくります。このカードを70まいつくるには，画用紙は何まいあればよいでしょうか。〔8点〕

式

答え

6　きゅうりが128本とれました。1箱に15本ずつ入れます。全部のきゅうりを入れるには，箱は何箱あればよいでしょうか。〔10点〕

式

答え

7　りんごが295ことれました。30こずつ箱に入れます。全部のりんごを入れるには，箱は何箱あればよいでしょうか。〔10点〕

式

答え

8　208ページの本があります。これを1日に24ページずつ読んでいきます。全部を読み終わるには，何日間かかりますか。〔10点〕

式

答え

9　遊園地に，1回に14人ずつ乗せて園内を1まわりする乗り物があります。今，子どもが171人います。全部の子どもが1回ずつ乗るには，何回まわればよいでしょうか。〔10点〕

式

答え

10　500この荷物を1回に21こずつトラックにのせて運びます。全部の荷物を運び終えるには，何回かかりますか。〔10点〕

式

答え

11　牛にゅうが23Lあります。これを1L 8dLずつびんに入れます。全部の牛にゅうを入れるには，びんは何本あればよいでしょうか。〔10点〕

式

答え

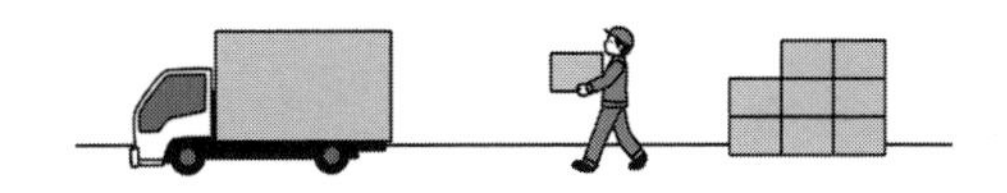

12 わり算⑫

とく点　　点

答え➡別冊解答4ページ

1　65このたまごがあります。1箱15こ入りのたまごの箱をつくります。15こ入りの箱は何箱できますか。〔8点〕

式　65÷15=□ あまり □

答え　□ 箱

2　85さつのノートがあります。これを12さつずつ1たばにします。12さつのたばは何たばできますか。〔8点〕

式　85÷12=

答え　たば

3　テープを16cmずつに切っていきます。95cmのテープから，1本16cmのテープは何本できますか。〔8点〕

式

答え

4　りんごが95こあります。これを14こずつ箱に入れていきます。14こ入りの箱は何箱できますか。〔8点〕

式

答え

5　画用紙が90まいあります。これを13まいずつ1たばにしていくと，何たばつくることができますか。〔8点〕

式

答え

6 ジュースが200本あります。これを24本ずつ箱に入れていきます。24本入りの箱は何箱できますか。〔10点〕

式

答え

7 長さ３m20cmのはり金があります。これを52cmずつに切っていきます。52cmのはり金は何本できますか。〔10点〕

式

答え

8 お金が700円あります。１箱85円のキャラメルを買おうと思います。キャラメルは何箱買うことができますか。〔10点〕

式

答え

9 竹ひごが175本あります。これを14本ずつ１たばにします。14本のたばは何たばできますか。〔10点〕

式

答え

10 ある工場で266本のえん筆ができあがりました。このえん筆を24本ずつ箱に入れていきます。24本入りの箱は何箱できますか。〔10点〕

式

答え

11 578まいの色紙を28人の子どもたちに，同じ数ずつできるだけ多く分けます。１人分は何まいになりますか。〔10点〕

式

答え

13 わり算⑬

とく点　　点

答え➡ 別冊解答（べっさつかいとう）4ページ

1 そう庫に35000箱の荷物があります。１回1400箱ずつ運ぶと何回で運び終えますか。〔10点〕

式　35000÷1400＝□

答え　□回

2 96000円のパソコンを買います。毎月8000円ずつはらいます。何か月ではらい終えますか。〔10点〕

式　96000÷8000＝

答え

3 45000まいのポスターを1500まいずつのたばに分けます。1500まいのたばは何たばできますか。〔10点〕

式

答え

4 赤いテープが67m20cmあります。21cmのテープに切り分けます。21cmのテープは何本できますか。〔10点〕

式

答え

```
      3 2 0
21)6 7 2 0
   6 3
     4 2
     4 2
       0
```

5 そう庫に5336箱の荷物があります。１回58箱ずつ運ぶと何回で運ぶことができますか。〔10点〕

式

答え

6 9240円の辞典のセットを買いました。毎月同じ金がくずつ，11か月に分けてはらいました。毎月何円はらいましたか。〔10点〕

式

答え

7 あるはんのお楽しみ会のために1人から215円ずつ集めたところ全部で860円集まりました。そのはんは何人いますか。〔10点〕

式

$$215\overline{)860}$$

答え

8 おりづる920わを184人でおります。1人分のおりづるは，何わになりますか。〔10点〕

式

答え

9 972mのひもがあります。このひもを230mずつ使って花だんをかこみます。花だんはいくつかこめますか。また，何mあまりますか。〔10点〕

式

$$230\overline{)972}$$

答え

10 ジュースが865mLあります。135mLずつコップに分けると，何はいできて，何mLあまりますか。〔10点〕

式

答え

14 わり算⑭

とく点　　　点

1 1本60円のえん筆があります。480円でこのえん筆を何本買うことができますか。〔8点〕

式

答え

2 おはじきが350こあります。これを40人で同じ数ずつ分けると，1人分は何こになって，何こあまりますか。〔8点〕

式

答え

3 りんごが96こあります。これを16こずつ箱に入れます。16こ入りの箱は何箱できますか。〔8点〕

式

答え

4 せんべいが64まいあります。15人で同じ数ずつ分けると，1人分は何まいになって，何まいあまりますか。〔8点〕

式

答え

5 えん筆が276本あります。これを23人で同じ数ずつ分けると，1人分は何本になりますか。〔8点〕

式

答え

6 ボールが104こあります。これを26人で同じ数ずつ分けると，1人分は何こになりますか。〔8点〕

式

答え

7 長さ１m92cmのテープがあります。これを切って１本24cmのテープをつくります。24cmのテープは何本できますか。〔8点〕

式

答え

8 きゅうりが288本あります。これを18本ずつ箱に入れます。18本入りの箱は何箱できますか。〔8点〕

式

答え

9 色紙が160まいあります。これを25人で同じ数ずつ分けると，１人分は何まいになって，何まいあまりますか。〔10点〕

式

答え

10 21000この荷物を１回に300こずつトラックで運びます。全部の荷物を運び終えるには，何回かかりますか。〔8点〕

式

答え

11 みかんが654こあります。これを32こずつ箱に入れます。32こ入りの箱は何箱できて，何こあまりますか。〔10点〕

式

答え

12 画用紙が2070まいあります。これを23クラスで同じ数ずつ分けると，１クラス分は何まいになりますか。〔8点〕

式

答え

15 わり算⑮

とく点　　点

答え➡別冊解答 5ページ

1　おはじきを，あいりさんは12こ，妹は4こ持っています。あいりさんの持っているおはじきの数は，妹の持っているおはじきの数の何倍ですか。〔8点〕

あいり ○○○○｜○○○○｜○○○○
妹 ○○○○

式　12÷4＝□

答え　□倍

2　赤いテープが20m，白いテープが5mあります。赤いテープの長さは，白いテープの長さの何倍ですか。〔8点〕

式　20÷5＝

答え

3　青いリボンが48cm，黄色いリボンが8cmあります。青いリボンの長さは，黄色いリボンの長さの何倍ですか。〔8点〕

式

答え

4　みかんが63こ，りんごが9こあります。みかんの数は，りんごの数の何倍ですか。〔8点〕

式

答え

5　色紙を，そうまさんは56まい，妹は7まい持っています。そうまさんの持っている色紙の数は，妹の持っている色紙の数の何倍ですか。〔8点〕

式

答え

6 子どもが72人，おとなが６人います。子どもの人数は，おとなの人数の何倍ですか。〔10点〕

式

答え

7 トマトが80こ，なすが５こあります。トマトの数は，なすの数の何倍ですか。〔10点〕

式

答え

8 いちごが120こあります。りんごは８こあります。いちごの数は，りんごの数の何倍ですか。〔10点〕

式

答え

9 赤い色紙が42まい，青い色紙が14まいあります。赤い色紙の数は，青い色紙の数の何倍ですか。〔10点〕

式

答え

10 白い花が64本，赤い花が16本さいています。白い花の数は，赤い花の数の何倍ですか。〔10点〕

式

答え

11 かきが140こあります。なしは28こあります。かきの数は，なしの数の何倍ですか。〔10点〕

式

答え

16 わり算⑯

とく点　　点

答え➡別冊解答5ページ

1 　たくみさんが持っているどんぐりの数は，弟が持っているどんぐりの数の３倍で15こです。弟が持っているどんぐりの数は何こですか。〔8点〕

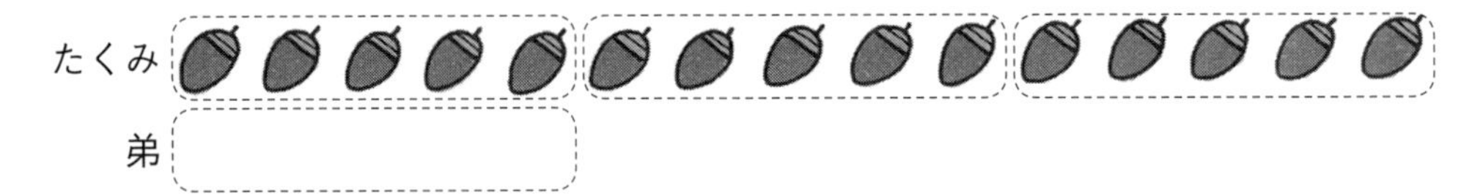

式　15÷３＝□

答え　□こ

2 　赤いテープの長さは，白いテープの長さの２倍で16ｍです。白いテープの長さは何ｍですか。〔8点〕

式　16÷２＝

答え　　ｍ

3 　さくらさんが持っているおはじきの数は，妹が持っているおはじきの数の４倍で24こです。妹が持っているおはじきの数は何こですか。〔8点〕

式

答え

4 　赤いおはじきの数は，青いおはじきの数の６倍で42こです。青いおはじきは何こありますか。〔8点〕

式

答え

5 　青いリボンの長さは，赤いリボンの長さの５倍で45cmです。赤いリボンの長さは何cmですか。〔8点〕

式

答え

6 赤い花は，白い花の数の３倍で48本さいています。白い花は何本さいていますか。〔10点〕

式

答え

7 はるとさんのお父さんの体重は，はるとさんの体重の２倍で54kgです。はるとさんの体重は何kgですか。〔10点〕

式

答え

8 えいじさんのお父さんの体重は，えいじさんの体重の３倍で72kgです。えいじさんの体重は何kgですか。〔10点〕

式

答え

9 どう話の本のねだんは，ざっしのねだんの４倍で920円です。ざっしのねだんは何円ですか。〔10点〕

式

答え

10 コンパスのねだんは，えん筆のねだんの９倍で315円です。えん筆のねだんは何円ですか。〔10点〕

式

答え

11 赤いテープの長さは，白いテープの長さの７倍で８m68cmあります。白いテープの長さは何m何cmですか。〔10点〕

式

答え

17 わり算⑰

とく点　　点

答え➡別冊解答 5・6ページ

1　600円を４人で同じ金がくになるように分けます。１人分は何円になりますか。〔8点〕

式

答え

2　かんづめが756こあります。これを63箱に同じ数ずつ分けて入れます。１箱に何こ入れればよいでしょうか。〔8点〕

式

答え

3　どんぐりが168こあります。これを１人に24こずつ配ると，何人に配ることができますか。〔8点〕

式

答え

4　長さ８m58cmのテープがあります。これを切って１本35cmのテープをつくります。35cmのテープは何本できて，何cmあまりますか。〔8点〕

式

答え

5　水が62Ｌ７dLあります。水のりょうはとう油のりょうの19倍です。とう油は何Ｌ何dLですか。〔8点〕

式

答え

6　256本のえん筆は，何ダースと何本ですか。〔10点〕

式

答え

7 いちごが310こあります。これを15人で同じ数ずつ分けます。1人分は何こになって，何こあまりますか。〔10点〕

式

答え

8 かきが448こ，なしは56こあります。かきの数は，なしの数の何倍ですか。〔10点〕

式

答え

9 ボールが210こあります。これを1箱に12こずつつめると何箱できて，何こあまりますか。〔10点〕

式

答え

10 色紙が82まいあります。これを26人で同じ数ずつ分けます。1人分は何まいになって，何まいあまりますか。〔10点〕

式

答え

11 荷物が298こあります。トラックで1回に24こずつ運びます。全部の荷物を運ぶには，このトラックで何回かかりますか。〔10点〕

式

答え

ひとやすみ

◆数の見えない計算

右のかけ算で，□，○，△にはどんな数が入りますか。同じしるしには同じ数で，どのしるしにも5より小さい数が入ります。

```
   □○
 × □○
 ─────
   ○△
 □○
 ─────
 □△△
```

（答えは別冊の24ページ）

18 1つの式でとく問題①

とく点　　点

答え➡ 別冊解答(べっさつかいとう) 6ページ

1 　80円のえん筆を1本と1こ40円の消しゴムを5こ買いました。代金は全部で何円になりますか。1つの式に表し，答えをもとめましょう。〔10点〕

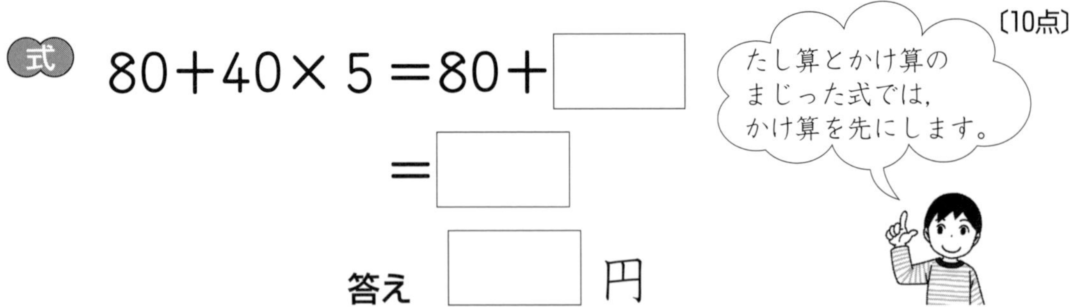

2 　120円のりんごを1こと1こ50円のみかんを3こ買いました。代金は全部で何円になりますか。1つの式に表し，答えをもとめましょう。〔10点〕

式　120＋50×3＝

答え　　　円

3 　130円のノートを1さつと1本60円のえん筆を4本買いました。代金は全部で何円になりますか。1つの式に表し，答えをもとめましょう。〔12点〕

式

答え

4 　さとうが300g入ったふくろが1ふくろと，150g入ったふくろが4ふくろあります。さとうは全部で何gありますか。1つの式に表し，答えをもとめましょう。〔12点〕

式

答え

5 100円出して，１まい30円の画用紙を２まい買いました。おつりは何円ですか。１つの式に表し，答えをもとめましょう。〔10点〕

式 $100-30\times2=100-\square$

$=\square$

答え □円

ひき算とかけ算のまじった式では，かけ算を先にします。

6 500円出して，１本60円のえん筆を４本買いました。おつりは何円ですか。１つの式に表し，答えをもとめましょう。〔10点〕

式

答え

7 1000円出して，１こ250円のかんづめを３こ買いました。おつりは何円ですか。１つの式に表し，答えをもとめましょう。〔12点〕

式

答え

8 お母さんは，みかんを20こ買ってきて，れんさんたち３人に１人４こずつ分けてくれました。みかんは何このこっていますか。１つの式に表し，答えをもとめましょう。〔12点〕

式

答え

9 画用紙が100まいありました。１人に２まいずつ38人に配りました。画用紙は何まいのこっていますか。１つの式に表し，答えをもとめましょう。〔12点〕

式

答え

19 1つの式でとく問題②

とく点　　点

答え➡別冊解答（べっさつかいとう）6ページ

1 　120円のノートを1さつと1ダース600円のえん筆を半ダース買いました。代金は全部で何円ですか。1つの式に表し，答えをもとめましょう。

〔10点〕

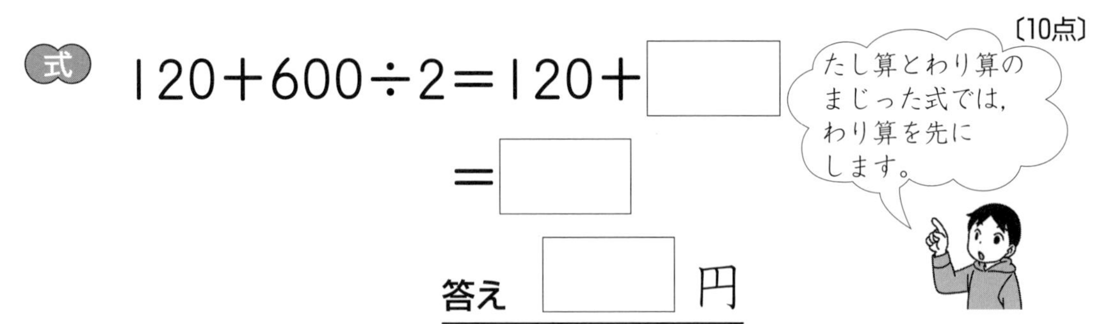

2 　ひかりさんは650円持っています。きょう，お母さんからもらった300円を妹と2人で同じ金がくずつ分けました。ひかりさんの持っているお金は何円になりましたか。1つの式に表し，答えをもとめましょう。

〔12点〕

式

答え

3 　あゆみさんは450円持っています。きょう，お父さんからもらった500円を妹と2人で同じ金がくずつ分けました。あゆみさんの持っているお金は何円になりましたか。1つの式に表し，答えをもとめましょう。

〔12点〕

式

答え

4 　だいちさんはおはじきを45こ持っています。きょう，60こ入りのおはじきを1ふくろ買って，3人で同じ数ずつ分けました。だいちさんの持っているおはじきは何こになりましたか。1つの式に表し，答えをもとめましょう。〔12点〕

式

答え

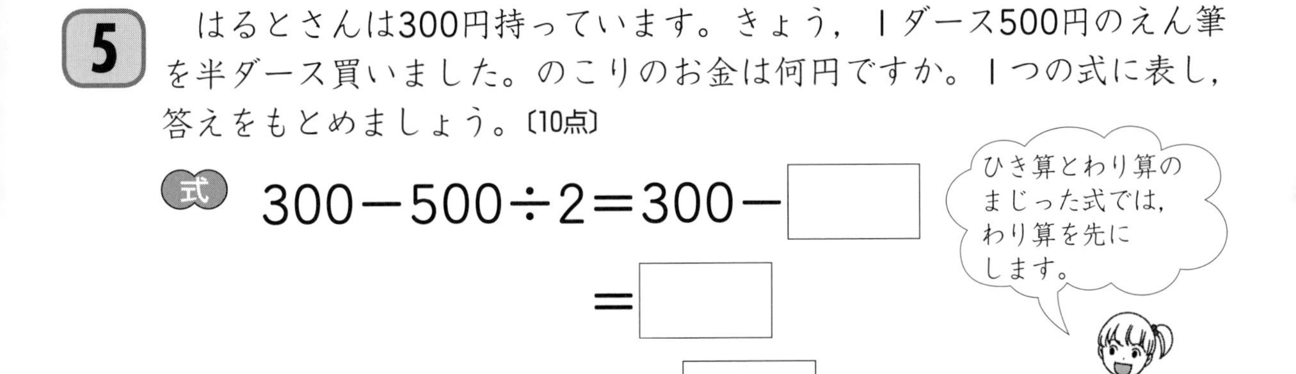

5 はるとさんは300円持っています。きょう，1ダース500円のえん筆を半ダース買いました。のこりのお金は何円ですか。1つの式に表し，答えをもとめましょう。〔10点〕

式　300－500÷2＝300－□

＝□

答え □円

6 1ダース460円のえん筆を半ダース買いました。500円出すと，おつりは何円ですか。1つの式に表し，答えをもとめましょう。〔12点〕

式

答え

7 かのんさんは800円持っています。母の日に，お姉さんと2人で半分ずつ出しあって，960円の花たばを買ってお母さんにあげました。かのんさんのお金は何円のこっていますか。1つの式に表し，答えをもとめましょう。〔10点〕

式

答え

8 みささんは色紙を40まい持っています。きょう，弟と2人で色紙を同じ数ずつ出しあい，56まい使ってかざりをつくりました。みささんの色紙は何まいのこっていますか。1つの式に表し，答えをもとめましょう。

〔10点〕

式

答え

9 かいとさんは450円持っています。きょう，兄弟3人で同じ金がくずつ出しあって，1さつ630円の物語の本を買いました。かいとさんのお金は何円のこっていますか。1つの式に表し，答えをもとめましょう。

〔12点〕

式

答え

20 1つの式でとく問題③

とく点　　点

答え➡ 別冊解答(べっさつかいとう) 6・7ページ

1　1こ50円の消しゴムを2こと，1本80円のえん筆を3本買います。代金は全部で何円になりますか。1つの式に表し，答えをもとめましょう。〔10点〕

式　50×2＋80×3＝100＋240

＝□

答え　□円

2　1こ40円のかきを5こと，1こ120円のりんごを2こ買います。代金は全部で何円になりますか。1つの式に表し，答えをもとめましょう。〔10点〕

式　40×5＋120×2＝

答え　円

3　6人がけのいすが8つと，5人がけのいすが12あります。このいす全部に人がすわると，何人すわることができますか。1つの式に表し，答えをもとめましょう。〔12点〕

式

答え

4　200mL入りのジュースのびんが2本と，500mL入りのジュースのびんが3本あります。ジュースは全部で何mLありますか。1つの式に表し，答えをもとめましょう。〔12点〕

式

答え

5　１こ80円のりんごを５こと，１こ60円のかきを６こ買いました。買ったりんごの代金は，かきの代金より何円高いでしょうか。１つの式に表し，答えをもとめましょう。〔10点〕

式　80×５－60×６＝400－□

＝□　　答え　□円

6　ゆうまさんは１こ50円のあめを４こ買いました。弟は１こ60円のおかしを２こ買いました。ゆうまさんは，弟より何円多く使いましたか。１つの式に表し，答えをもとめましょう。〔10点〕

式

答え

7　はなさんは１さつ120円のノートを３さつ買いました。妹は１本80円のえん筆を４本買いました。はなさんは，妹より何円多く使いましたか。１つの式に表し，答えをもとめましょう。〔12点〕

式

答え

8　１こ35円のみかんを４こと，１こ70円のりんごを３こ買いました。買ったりんごの代金は，みかんの代金より何円高いでしょうか。１つの式に表し，答えをもとめましょう。〔12点〕

式

答え

9　200mL入りのオレンジジュースのびんが４本と，500mL入りのぶどうジュースのびんが２本あります。ぶどうジュースは，オレンジジュースより何mL多いでしょうか。１つの式に表し，答えをもとめましょう。〔12点〕

式

答え

21 1つの式でとく問題④

とく点　　点

答え➡別冊解答(べっさつかいとう)7ページ

1　1こ40円の消しゴムを2こと，1ダース600円のえん筆を半ダース買いました。代金は全部で何円になりますか。1つの式に表し，答えをもとめましょう。〔10点〕

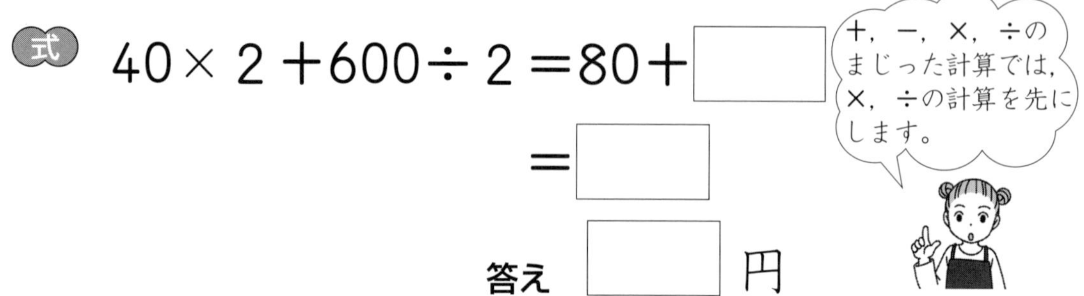

式　40×2＋600÷2＝80＋□

＝□

答え　□円

2　1こ80円ののりを3こと，1ダース500円のえん筆を半ダース買いました。代金は全部で何円になりますか。1つの式に表し，答えをもとめましょう。〔10点〕

式　80×3＋500÷2

＝

答え　円

3　1こ150円のボタンを4こと，1m160円のレースを1mの半分買いました。代金は全部で何円になりますか。1つの式に表し，答えをもとめましょう。〔12点〕

式

答え

4　みゆさんは1たば8まいの色紙を3たば持っています。きょう，お母さんからもらった12まいの色紙を，妹と2人で同じ数ずつ分けました。みゆさんの色紙は何まいになりましたか。1つの式に表し，答えをもとめましょう。〔12点〕

式

答え

5　りくさんは１本60円のえん筆を６本買いました。弟は１ダース600円のえん筆を半ダース買いました。りくさんは，弟より何円多くはらいましたか。１つの式に表し，答えをもとめましょう。〔10点〕

式　$60\times 6-600\div 2=360-$□

$=$□　　答え □円

6　あさひさんは１しゅう150mある池のまわりを３しゅう走りました。しおりさんは１しゅう800mある池のまわりを半分走りました。あさひさんは，しおりさんより何m多く走りましたか。１つの式に表し，答えをもとめましょう。〔10点〕

式

答え

7　はるきさんは180mL入りの麦茶のパックを２本飲みました。弟は500mL入りの麦茶のパックをちょうど半分飲みました。はるきさんは，弟より麦茶を何mL多く飲みましたか。１つの式に表し，答えをもとめましょう。〔12点〕

式

答え

8　あんなさんは，１m200円のリボンを４m分買いました。妹は１m700円のリボンを１mの半分買いました。あんなさんは，妹より何円多くはらいましたか。１つの式に表し，答えをもとめましょう。〔12点〕

式

答え

9　ひろとさんは１しゅう250mある池のまわりを３しゅう走りました。弟は１しゅう900mある池のまわりを半分走りました。ひろとさんは，弟より何m多く走りましたか。１つの式に表し，答えをもとめましょう。〔12点〕

式

答え

22 1つの式でとく問題⑤

とく点　　点

答え➡ 別冊解答(べっさつかいとう) 7ページ

1 1ふくろに，1こ30円のみかんが3こずつ入っています。これを5ふくろ買うと，代金は全部で何円になりますか。1つの式に表し，答えをもとめましょう。〔10点〕

式 30×3×5＝90×5

＝□

答え □ 円

2 1本80円のきくの花が5本ずつたばになっています。これを4たば買うと，代金は全部で何円になりますか。1つの式に表し，答えをもとめましょう。〔10点〕

式 80×5×4＝

答え 円

3 おかしが箱の中に4こずつ3列にならんで入っています。5箱では，おかしは全部で何こありますか。1つの式に表し，答えをもとめましょう。〔10点〕

式

答え

4 りんごが箱の中に6こずつ3列にならんで入っています。12箱では，りんごは全部で何こありますか。1つの式に表し，答えをもとめましょう。〔10点〕

式

答え

5 ひもを使って1辺(へん)が8cmの正方形を5こつくります。ひもは全部で何m何cmあればよいでしょうか。1つの式に表し，答えをもとめましょう。〔10点〕

式

答え

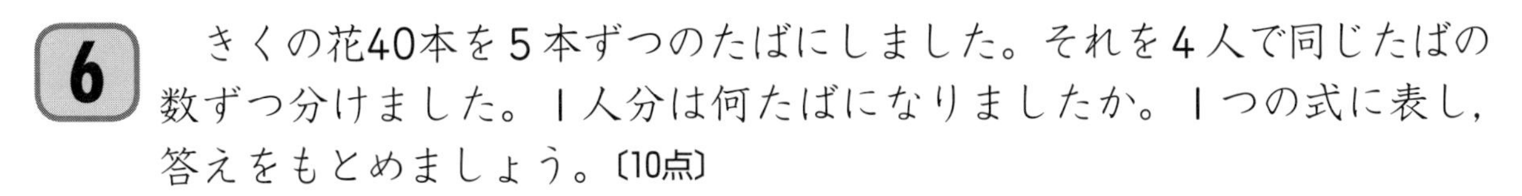

6 きくの花40本を５本ずつのたばにしました。それを４人で同じたばの数ずつ分けました。１人分は何たばになりましたか。１つの式に表し，答えをもとめましょう。〔10点〕

式　40÷５÷4＝8÷4

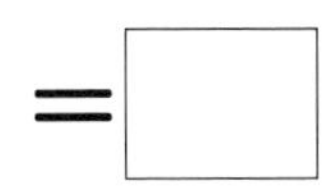

＝□

答え □ たば

7 おはじき56こを４人で同じ数ずつ分けました。それをももかさんは，妹と２人で同じ数ずつ分けました。ももかさんのおはじきは何こになりましたか。１つの式に表し，答えをもとめましょう。〔10点〕

式　56÷４÷２＝

答え　こ

8 どんぐり70こを５人で同じ数ずつ分けました。それをそうたさんは，弟と２人で同じ数ずつ分けました。そうたさんのどんぐりの数は何こになりましたか。１つの式に表し，答えをもとめましょう。〔10点〕

式

答え

9 みかん96こを４こずつふくろに入れました。それを６人で同じふくろの数ずつ分けました。１人分は何ふくろになりましたか。１つの式に表し，答えをもとめましょう。〔10点〕

式

答え

10 色紙120まいを８まいずつのたばにしました。それを５人で同じたばの数ずつ分けました。１人分は何たばになりましたか。１つの式に表し，答えをもとめましょう。〔10点〕

式

答え

23 1つの式でとく問題⑥

とく点　　点

答え➡ 別冊解答7ページ

1 1たば5本のカーネーションの花たばが8たばあります。これを20人で同じ数ずつ分けると，1人分は何本になりますか。1つの式に表し，答えをもとめましょう。〔10点〕

式　5×8÷20＝□÷20

＝□

答え　□本

2 1ふくろに4このみかんが入ったふくろが9ふくろあります。これを6人で同じ数ずつ分けると，1人分は何こになりますか。1つの式に表し，答えをもとめましょう。〔10点〕

式　4×9÷6＝

答え　こ

3 ももが箱の中に10こずつ3列ならんで入っています。これを毎日5こずつ食べると，全部食べるのに何日間かかりますか。1つの式に表し，答えをもとめましょう。〔10点〕

式

答え

4 1箱に12こずつキャラメルが入っています。このキャラメル6箱を8人で同じ数ずつ分けると，1人分は何こになりますか。1つの式に表し，答えをもとめましょう。〔10点〕

式

答え

5 500mL入りのジュースのびんが3本あります。これを6人で同じりょうずつ分けると，1人分は何mLになりますか。1つの式に表し，答えをもとめましょう。〔10点〕

式

答え

6　きくの花35本を同じ本数ずつに分けて７たばつくりました。みつきさんは，そのうちの２たばをもらいました。みつきさんは，きくの花を何本もらいましたか。１つの式に表し，答えをもとめましょう。〔10点〕

式　$35 \div 7 \times 2 = \square \times 2$

$= \square$

答え　□本

7　63本のバラの花を同じ数ずつたばに分けて９たばつくりました。りくとさんは，そのうちの２たばをもらいました。りくとさんは，バラの花を何本もらいましたか。１つの式に表し，答えをもとめましょう。〔10点〕

式　$63 \div 9 \times 2 =$

答え　本

8　色紙48まいを同じまい数ずつに分けて８たばつくりました。つむぎさんは，そのうちの３たばをもらいました。つむぎさんは，色紙を何まいもらいましたか。１つの式に表し，答えをもとめましょう。〔10点〕

式

答え

9　80cmのテープを同じ長さに５本に切りました。れんさんは，それを２本もらいました。れんさんのもらったテープの長さは，全部で何cmですか。１つの式に表し，答えをもとめましょう。〔10点〕

式

答え

10　90このくりを15ふくろに同じ数ずつ分けて入れました。ひろとさんは，そのうちの２ふくろをもらいました。ひろとさんは，くりを何こもらいましたか。１つの式に表し，答えをもとめましょう。〔10点〕

式

答え

24 1つの式でとく問題⑦

とく点　　点

答え➡ 別冊解答8ページ

1 色紙が50まいあります。1人に3まいずつ16人に配ると，何まいのこりますか。1つの式に表し，答えをもとめましょう。〔10点〕

式

答え

2 120円のノートを1さつと1本60円のえん筆を3本買いました。代金は全部で何円になりますか。1つの式に表し，答えをもとめましょう。〔10点〕

式

答え

3 みきさんは400円持っています。きょう，みきさんたち姉妹3人が同じ金がくずつ出しあって，750円のボールを買いました。みきさんのお金は何円のこっていますか。1つの式に表し，答えをもとめましょう。〔10点〕

式

答え

4 あやとさんは250円持っています。きょう，お父さんからもらった400円を弟と2人で同じ金がくずつ分けました。あやとさんの持っているお金は何円になりましたか。1つの式に表し，答えをもとめましょう。〔10点〕

式

答え

5 50円のクッキーを10まいと，80円のクッキーを6まい買いました。50円のクッキーの代金は，80円のクッキーの代金より何円高いでしょうか。1つの式に表し，答えをもとめましょう。〔10点〕

式

答え

6 1さつ140円のノートを2さつと，1ダース480円のえん筆を半ダース買いました。代金は全部で何円になりますか。1つの式に表し，答えをもとめましょう。〔10点〕

式

答え

7 おかしが箱の中に5こずつ3列にならんで入っています。4箱では，おかしは全部で何こになりますか。1つの式に表し，答えをもとめましょう。〔10点〕

式

答え

8 みかん60こを5こずつふくろに入れました。これを4人で同じふくろの数ずつ分けると，1人分は何ふくろになりますか。1つの式に表し，答えをもとめましょう。〔10点〕

式

答え

9 40本の花を同じ数ずつ分けて8たばつくりました。ひなたさんは，そのうちの2たばをもらいました。ひなたさんは，花を何本もらいましたか。1つの式に表し，答えをもとめましょう。〔10点〕

式

答え

10 1ふくろにあめが12こずつ入っています。このあめ4ふくろを6人で同じ数ずつ分けると，1人分は何こになりますか。1つの式に表し，答えをもとめましょう。〔10点〕

式

答え

25 1つの式でとく問題⑧

とく点　　点

答え➡ 別冊解答(べっさつかいとう) 8ページ

1 　みゆさんは，おはじきを24こ持っていました。きょう，妹に6こ，弟に4こあげました。みゆさんのおはじきは何こになりましたか。〔1問10点〕

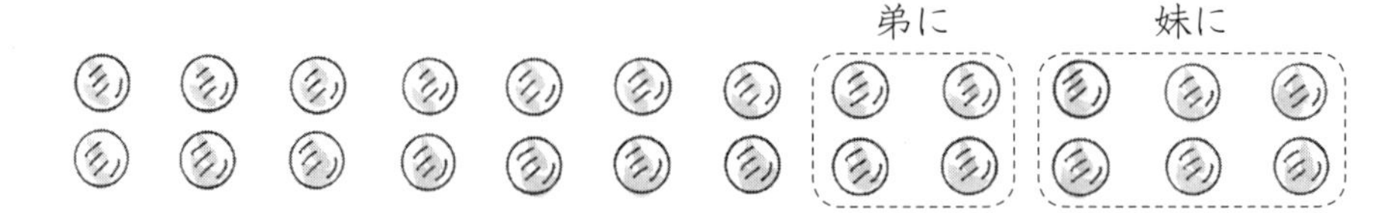

① あげた数をじゅんにひいてもとめましょう。

式　24－6－4＝□　　　答え □ こ

② あげた数をまとめて，(　)を使って1つの式に表してもとめましょう。

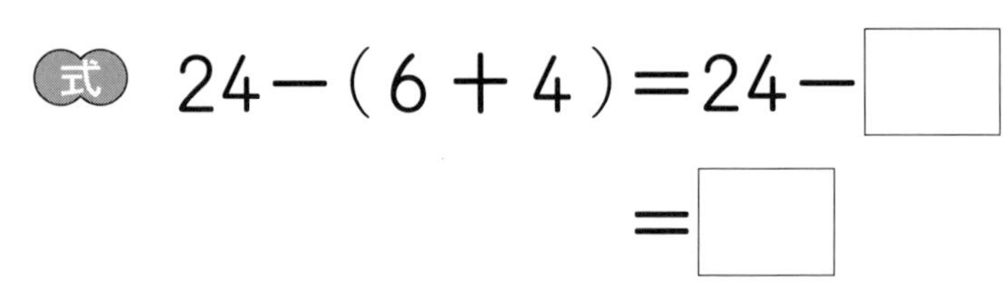

式　24－(6＋4)＝24－□
　　　　　　　　＝□

(　)の中を
先に計算します。

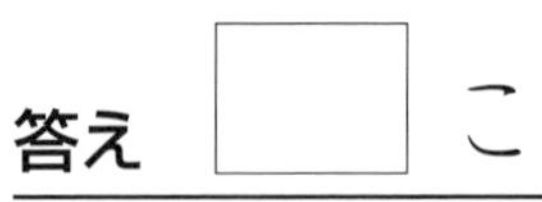

答え □ こ

2 　1組と2組の子ども30人が公園で遊んでいました。そのうち，1組の子どもが13人，2組の子どもが7人帰りました。公園で遊んでいる子どもは何人になりましたか。〔1問10点〕

① 帰った人数をじゅんにひいてもとめましょう。

式　　　　　　　答え

② 帰った人数をまとめて，(　)を使って1つの式に表してもとめましょう。

式　30－(13＋7)＝　　　答え

3　かんなさんは，色紙を28まい持っていました。きょう，妹に7まい，弟に3まいあげました。かんなさんの色紙の数は何まいになりましたか。(　)を使って1つの式に表し，答えをもとめましょう。〔12点〕

式

答え

4　バスにお客さんが35人乗っていました。ていりゅう所でおとなが8人，子どもが7人おりました。お客さんは何人になりましたか。(　)を使って1つの式に表し，答えをもとめましょう。〔12点〕

式

答え

5　はるきさんは，140円のノートと80円のえん筆を買って，500円出しました。おつりは何円になりますか。(　)を使って1つの式に表し，答えをもとめましょう。〔12点〕

式

答え

6　120円のノートと160円の下じきを買って，500円出しました。おつりは何円になりますか。(　)を使って1つの式に表し，答えをもとめましょう。〔12点〕

式

答え

7　全部で320ページの本があります。ゆうきさんは，きのうまでに90ページ，きょう60ページ読みました。読んでいないページは何ページですか。(　)を使って1つの式に表し，答えをもとめましょう。〔12点〕

式

答え

26 1つの式でとく問題⑨

とく点　　点

答え➡ 別冊解答（べっさつかいとう）8ページ

1　画用紙が40まいありました。工作の時間に，子どもたちがそのうちの27まいを持っていきましたが，すぐに2まい返してきました。のこっている画用紙は何まいですか。〔1問8点〕

① じゅんに考えて式をつくり，答えをもとめましょう。

式　40－27＋2＝□　　　　答え　□まい

② 持っていった数をまとめて考えて，（　）を使って1つの式に表し，答えをもとめましょう。

式　40－(27－2)＝40－□

＝□　　　　答え　□まい

2　竹ひごが45本ありました。工作の時間に，子どもたちがそのうちの30本を持っていきましたが，すぐに5本返してきました。のこっている竹ひごは何本ですか。〔1問8点〕

① じゅんに考えて式をつくり，答えをもとめましょう。

式

答え

② 持っていった数をまとめて考えて，（　）を使って1つの式に表し，答えをもとめましょう。

式　45－(30－5)＝

答え

3　色紙が50まいありました。工作の時間に，子どもたちがそのうちの34まいを持っていきましたが，すぐに4まい返してきました。のこっている色紙は何まいですか。（　）を使って1つの式に表し，答えをもとめましょう。〔10点〕

式

答え

4 色紙が40まいあります。みつきさんの組の人数は36人ですが，きょう，1人休みました。1人に1まいずつ配ると，色紙は何まいあまりますか。( )を使って1つの式に表し，答えをもとめましょう。〔10点〕

式

答え

5 りんごが45こあります。えいたさんの組の人数は37人ですが，きょう，2人休みました。1人に1こずつ配ると，りんごは何こあまりますか。( )を使って1つの式に表し，答えをもとめましょう。〔12点〕

式

答え

6 ひろとさんは，160円のノートを10円安くしてもらって買いました。200円出すと，おつりは何円ですか。( )を使って1つの式に表し，答えをもとめましょう。〔12点〕

式

答え

7 こはるさんは，150円のノートを10円安くしてもらって買いました。500円出すと，おつりは何円ですか。( )を使って1つの式に表し，答えをもとめましょう。〔12点〕

式

答え

8 たくみさんは，750円の筆箱を30円安くしてもらって買いました。1000円出すと，おつりは何円ですか。( )を使って1つの式に表し，答えをもとめましょう。〔12点〕

式

答え

27 1つの式でとく問題⑩

とく点

点

答え➡別冊解答（べっさつかいとう） 8・9ページ

1　１まい20円の画用紙をすすむさんは３まい，弟は２まい買いました。２人が買った画用紙の代金は全部で何円になりますか。〔１問10点〕

①　２人の代金をべつべつに計算して，答えをもとめましょう。

式 
20×３＝60

答え　　　円

②　２人の買った数をまとめて，（　）を使って１つの式に表し，答えをもとめましょう。

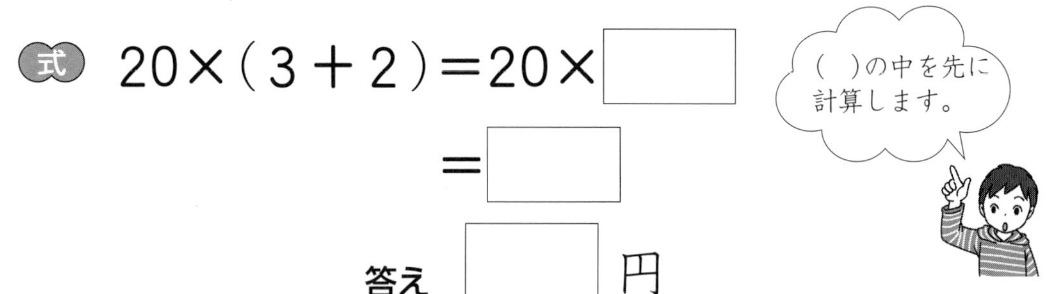

式　20×（３＋２）＝20×□

＝□

答え　□円

2　１こ30円のガムをさくらさんは４こ，妹は２こ買いました。２人が買ったガムの代金は全部で何円になりますか。〔１問10点〕

①　２人の代金をべつべつに計算して，答えをもとめましょう。

答え

②　２人の買った数をまとめて，（　）を使って１つの式に表し，答えをもとめましょう。

式　30×（４＋２）＝

答え

3　１こ85円のチョコレートをはるきさんは４こ，弟は２こ買いました。２人が買ったチョコレートの代金は全部で何円になりますか。（　）を使って１つの式に表し，答えをもとめましょう。〔12点〕

式

答え

4　１本40円のえん筆をだいちさんは５本，妹は３本買いました。２人が買ったえん筆の代金は全部で何円になりますか。（　）を使って１つの式に表し，答えをもとめましょう。〔12点〕

式

答え

5　みかんを１人に５こずつ配ります。おとなが８人，子どもが12人います。みかんは全部で何こあればよいでしょうか。（　）を使って１つの式に表し，答えをもとめましょう。〔12点〕

式

答え

6　色紙を１人に10まいずつ配ります。おとなが６人，子どもが９人います。色紙は全部で何まいあればよいでしょうか。（　）を使って１つの式に表し，答えをもとめましょう。〔12点〕

式

答え

7　りんごを１箱に18こずつ入れています。お母さんは14箱，お父さんは16箱入れました。箱に入れたりんごは全部で何こですか。（　）を使って１つの式に表し，答えをもとめましょう。〔12点〕

式

答え

28 1つの式でとく問題⑪

とく点　　点

答え➡別冊解答9ページ

1　1本70円のえん筆を4本と1こ30円の消しゴムを4こ買いました。代金は全部で何円ですか。〔1問10点〕

① えん筆の代金と消しゴムの代金をべつべつに計算して，答えをもとめましょう。

式　$70\times4=$

答え　　円

② えん筆1本と消しゴム1こを組にして，(　)を使って1つの式に表し，答えをもとめましょう。

式　$(70+30)\times4=\square\times4$

$=\square$

答え　$\square$円

2　1こ70円のりんごと1こ80円のなしをそれぞれ6こずつ買いました。代金は全部で何円ですか。〔1問10点〕

① りんごの代金となしの代金をべつべつに計算して，答えをもとめましょう。

答え

② りんご1ことなし1こを組にして，(　)を使って1つの式に表し，答えをもとめましょう。

式　$(70+80)\times6=$

答え

3　50円のクッキーと80円のクッキーをそれぞれ5まいずつ買いました。代金は全部で何円ですか。（　）を使って１つの式に表し，答えをもとめましょう。〔12点〕

式

答え

4　１たばが12本の花たばと１たばが８本の花たばがそれぞれ６たばずつあります。花は全部で何本ありますか。（　）を使って１つの式に表し，答えをもとめましょう。〔12点〕

式

答え

5　１本500mL入りの麦茶のびんと１本200mL入りの麦茶のパックがそれぞれ４本ずつあります。麦茶は全部で何mLありますか。（　）を使って１つの式に表し，答えをもとめましょう。〔12点〕

式

答え

6　１さつ120円のノートと１本80円のえん筆を１組にして，４組買いました。代金は全部で何円ですか。（　）を使って１つの式に表し，答えをもとめましょう。〔12点〕

式

答え

7　遠足にかかるひ用は１人につき，バス代が150円，電車代が100円です。としきさんとはるきさん兄弟では，あわせて何円かかりますか。（　）を使って１つの式に表し，答えをもとめましょう。〔12点〕

式

答え

29 1つの式でとく問題⑫

とく点　　点

答え➡ 別冊解答9ページ

1　1こ40円のみかんを兄は5こ，弟は3こ買いました。2人がはらった代金のちがいは何円ですか。〔1問10点〕

① 2人の代金をべつべつに計算して，答えをもとめましょう。

式 

答え　　　円

② 買った数のちがいを考えて，（　）を使って1つの式に表し，答えをもとめましょう。

式　40×（5－3）＝40×□

＝□

答え　□円

2　ひかりさんの組の人数は37人ですが，きょうは3人休んでいます。工作の時間に色紙を1人に15まいずつ配りました。配った色紙は全部で何まいですか。（　）を使って1つの式に表し，答えをもとめましょう。〔12点〕

答え

3　4年生は1組が28人，2組が32人です。遠足にかかるお金を1人300円ずつ集めます。1組と2組で集まる金がくのちがいは何円になりますか。（　）を使って1つの式に表し，答えをもとめましょう。〔12点〕

答え

4 1こ65円のりんごを4こ買ったら，1こにつき5円安くしてくれました。代金は全部で何円になりますか。〔1問10点〕

① りんごの代金と安くしてくれた分をべつべつに計算して，答えをもとめましょう。

式 $65\times4=260,\quad 5\times4=$

答え □ 円

② 安くなったりんご1このねだんを考えて，（　）を使って1つの式に表し，答えをもとめましょう。

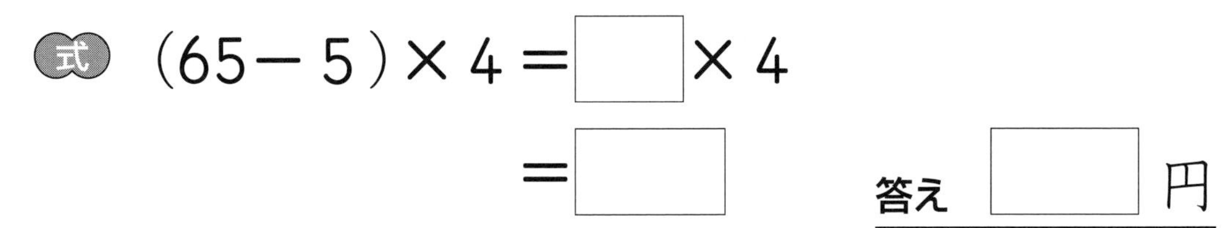

式 $(65-5)\times4=\square\times4$

$=\square$　　答え □ 円

5 1さつ140円のノートが10円安くなっていたので，そうまさんは5さつ買いました。代金は全部で何円になりますか。（　）を使って1つの式に表し，答えをもとめましょう。〔12点〕

式

答え

6 1足800円のくつ下が50円安くなっていたので，お母さんは6足買いました。代金は全部で何円になりますか。（　）を使って1つの式に表し，答えをもとめましょう。〔12点〕

式

答え

7 1箱40こ入りのみかんと1箱25こ入りのりんごがそれぞれ6箱ずつあります。みかんとりんごの数のちがいは何こですか。（　）を使って1つの式に表し，答えをもとめましょう。〔12点〕

式

答え

30 1つの式でとく問題⑬

とく点　　点

答え➡別冊解答9ページ

1　Ｉまい20円の色紙とＩまい30円の画用紙をＩ組にして買います。

〔1問5点〕

① 100円では何組買うことができますか。

答え □ 組

② 150円では何組買うことができますか。

答え □ 組

③ 200円では何組買うことができますか。

答え □ 組

④ 350円では何組買うことができますか。

答え □ 組

2　Ｉこ30円の消しゴムとＩ本50円のえん筆をＩ組にして買います。480円では何組買うことができますか。(　)を使ってＩつの式に表し，答えをもとめましょう。〔10点〕

式　$480 \div (30 + 50) = 480 \div \square$

$= \square$

答え □ 組

( )の中を先に計算します。

3　Ｉたば60円の色紙とＩ本30円の竹ひごをＩ組にして買います。720円では何組買うことができますか。(　)を使ってＩつの式に表し，答えをもとめましょう。〔10点〕

式　$720 \div (60 + 30) =$

答え　　組

4　１ふくろ30円のおかしと１ふくろ40円のおかしを１組にして買います。840円では何組買うことができますか。(　)を使って１つの式に表し，答えをもとめましょう。〔12点〕

式

答え

5　子どもが８人，おとなが４人います。72このみかんを同じ数ずつ分けると，１人分は何こになりますか。(　)を使って１つの式に表し，答えをもとめましょう。〔12点〕

式

答え

6　４年生が７人，５年生が８人います。120本のえん筆を同じ数ずつ分けると，１人分は何本になりますか。(　)を使って１つの式に表し，答えをもとめましょう。〔12点〕

式

答え

7　１こ15円のあめと１こ50円のガムを１組にして買います。260円では何組買うことができますか。(　)を使って１つの式に表し，答えをもとめましょう。〔12点〕

式

答え

8　子どもが５人，おとなが４人います。63まいの色紙を同じ数ずつ分けると，１人分は何まいになりますか。(　)を使って１つの式に表し，答えをもとめましょう。〔12点〕

式

答え

31 1つの式でとく問題⑭

とく点　　点

答え➡ 別冊解答 10ページ

1 画用紙が7まいあります。5まい買いたして4人で同じ数ずつ分けると，1人分は何まいになりますか。(　)を使って1つの式に表し，答えをもとめましょう。〔10点〕

式 (7＋5)÷4＝□÷4

＝□

答え □ まい

2 みかんがそれぞれ7こと8こ入ったふくろがあります。これをあわせて3人で同じ数ずつ分けると，1人分は何こになりますか。(　)を使って1つの式に表し，答えをもとめましょう。〔10点〕

式 (7＋8)÷3＝

答え　　こ

3 色紙が25まいあります。20まい買いたして5人で同じ数ずつ分けると，1人分は何まいになりますか。(　)を使って1つの式に表し，答えをもとめましょう。〔10点〕

答え

4 くりがそれぞれ26こと14こ入ったふくろがあります。これをあわせて8人で同じ数ずつ分けると，1人分は何こになりますか。(　)を使って1つの式に表し，答えをもとめましょう。〔10点〕

答え

5 チョコレートが大きい箱に48こ，小さい箱に36こ入っています。これをあわせて7人で同じ数ずつ分けると，1人分は何こになりますか。(　)を使って1つの式に表し，答えをもとめましょう。〔12点〕

式

答え

6 画用紙が35まいあります。25まい買いたして12人で同じ数ずつ分けると，1人分は何まいになりますか。(　)を使って1つの式に表し，答えをもとめましょう。〔12点〕

式

答え

7 牛にゅうがびんに400mL，パックに200mL入っています。これをあわせて5人で同じりょうずつ分けると，1人分は何mLになりますか。(　)を使って1つの式に表し，答えをもとめましょう。〔12点〕

式

答え

8 ゆうきさんは兄弟3人で同じ金がくを出しあって，220円の牛にゅうと230円のおかしを買うことにしました。1人何円ずつ出せばよいでしょうか。(　)を使って1つの式に表し，答えをもとめましょう。〔12点〕

式

答え

9 みつきさんたち6人は，同じ金がくを出しあって，450円の物語の本と510円の図かんを買うことにしました。1人何円ずつ出せばよいでしょうか。(　)を使って1つの式に表し，答えをもとめましょう。〔12点〕

式

答え

32 1つの式でとく問題⑮

とく点　　点

答え➡別冊解答 10ページ

1 　1こ45円のみかんを5円安くして売っています。200円では何このみかんを買うことができますか。(　)を使って1つの式に表し，答えをもとめましょう。〔10点〕

式　200÷(45－5)＝200÷□

＝□

答え　□こ

2 　1さつ100円のノートを15円安くして売っています。510円では何さつのノートを買うことができますか。(　)を使って1つの式に表し，答えをもとめましょう。〔10点〕

式

答え

3 　さとうが600gあります。これを，はじめ100gずつかんに入れるつもりでしたが，25gずつ少なく入れることにしました。かんを何かん用意すればよいでしょうか。(　)を使って1つの式に表し，答えをもとめましょう。〔12点〕

式

答え

4 　1本75円のえん筆を5円安くして売っています。560円では何本のえん筆を買うことができますか。(　)を使って1つの式に表し，答えをもとめましょう。〔12点〕

式

答え

5 りんごが20こあります。そのうち2こがいたんでいるので，それをのぞいて3人で同じ数ずつ分けます。1人分は何こになりますか。(　)を使って1つの式に表し，答えをもとめましょう。〔10点〕

式 $(20-2)\div3=\square\div3$

$=\square$

答え □ こ

6 くりが45こありました。そのうち，きのう7こ食べました。のこりをきょう2人で同じ数ずつ分けました。1人分は何こになりますか。(　)を使って1つの式に表し，答えをもとめましょう。〔10点〕

式

答え

7 ジュースが1000mLありました。そのうち，きのう550mLを飲みました。のこりをきょう3人で同じりょうずつ分けて飲みました。きょう飲んだ1人分のジュースのりょうは何mLですか。(　)を使って1つの式に表し，答えをもとめましょう。〔12点〕

式

答え

8 お母さんが，1000円出して640円のすいかを買い，おつりを兄弟2人に同じ金がくずつ分けてくれました。1人分は何円になりますか。(　)を使って1つの式に表し，答えをもとめましょう。〔12点〕

式

答え

9 画用紙が45まいあります。そのうち3まいがやぶれているので，それをのぞいて6人で同じ数ずつ分けます。1人分は何まいになりますか。(　)を使って1つの式に表し，答えをもとめましょう。〔12点〕

式

答え

33 1つの式でとく問題⑯

とく点　　点

答え➡ 別冊解答 10ページ

1　1こ60円のガムと1こ20円のあめを1組にして買います。560円では何組買うことができますか。(　)を使って1つの式に表し，答えをもとめましょう。〔10点〕

答え

2　1本60円のえん筆と1こ25円の消しゴムを1組にして，4組買いました。代金は全部で何円になりますか。(　)を使って1つの式に表し，答えをもとめましょう。〔10点〕

式

答え

3　1こ80円のりんごを7こと，1こ80円のなしを3こ買いました。りんごの代金となしの代金のちがいは何円ですか。(　)を使って1つの式に表し，答えをもとめましょう。〔10点〕

式

答え

4　色紙が24まいあります。12まい買いたして9人で同じ数ずつ分けると，1人分は何まいになりますか。(　)を使って1つの式に表し，答えをもとめましょう。〔10点〕

式

答え

5　色紙を１人に５まいずつ配ります。おとなが９人，子どもが７人います。色紙は全部で何まいあればよいでしょうか。（　）を使って１つの式に表し，答えをもとめましょう。〔12点〕

式

答え

6　１さつ150円のノートを10円安く売っています。このノートを６さつ買うと，代金は全部で何円になりますか。（　）を使って１つの式に表し，答えをもとめましょう。〔12点〕

式

答え

7　１こ110円のなしを20円安く売っています。720円では何このなしを買うことができますか。（　）を使って１つの式に表し，答えをもとめましょう。〔12点〕

式

答え

8　ジュースが大きいびんに500mL，小さいびんに250mL入っています。これらをあわせて５人で同じりょうずつ分けると，１人分は何mLになりますか。（　）を使って１つの式に表し，答えをもとめましょう。〔12点〕

式

答え

9　牛にゅうが大きいびんに450mL，小さいびんに200mL入っています。大きいびんと小さいびんはそれぞれ３本ずつあります。牛にゅうは全部で何mLありますか。（　）を使って１つの式に表し，答えをもとめましょう。〔12点〕

式

答え

34 1つの式でとく問題⑰

とく点　　点

答え➡ 別冊解答（べっさつかいとう）10ページ

1　みかんが20こあります。これを4こずつふくろに入れて，1ふくろ100円で売ります。全部売れると何円になりますか。〔1問10点〕

① 4こ入りのふくろは何ふくろできるか計算してから，答えをもとめましょう。

式　20÷4＝□，100×□＝□

答え □ 円

② 4こ入りのふくろは何ふくろできるかを(　)を使って1つの式に表し，答えをもとめましょう。

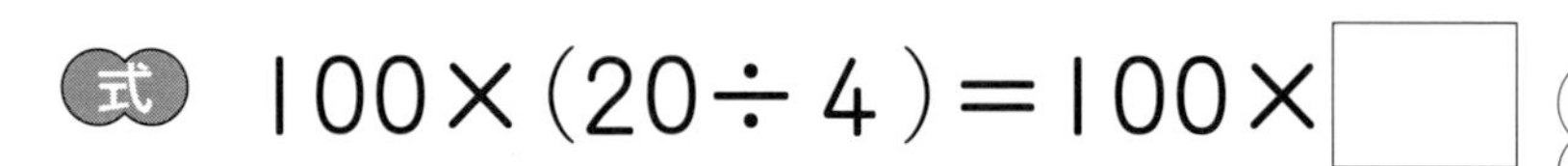

式　100×(20÷4)＝100×□

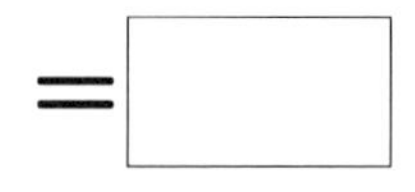

＝□

(　)の中を先に計算します。

答え □ 円

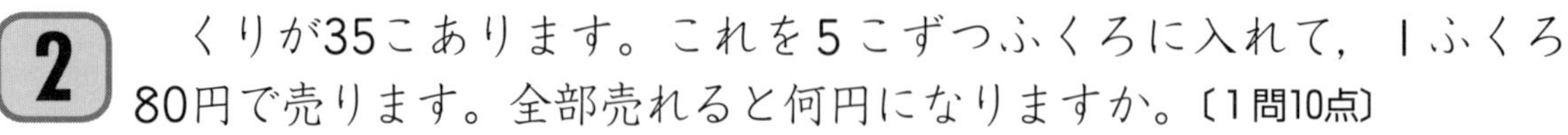

2　くりが35こあります。これを5こずつふくろに入れて，1ふくろ80円で売ります。全部売れると何円になりますか。〔1問10点〕

① 5こ入りのふくろは何ふくろできるか計算してから，答えをもとめましょう。

式　35÷5＝

答え　　円

② 5こ入りのふくろは何ふくろできるかを(　)を使って1つの式に表し，答えをもとめましょう。

式　80×(35÷5)＝

答え　　円

3 あめが100こあります。これを5こずつふくろに入れて，1ふくろ90円で売ります。全部売れると何円になりますか。(　)を使って1つの式に表し，答えをもとめましょう。〔12点〕

式

答え

4 おはじきが75こあります。これを5こずつふくろに入れて，1ふくろ60円で売ります。全部売れると何円になりますか。(　)を使って1つの式に表し，答えをもとめましょう。〔12点〕

式

答え

5 くりが120こあります。これを8こずつふくろに入れて，1ふくろ80円で売ります。全部売れると何円になりますか。(　)を使って1つの式に表し，答えをもとめましょう。〔12点〕

式

答え

6 かんジュース60本を12箱に同じ数ずつ分けて入れます。このかんジュース1本の重さは250gだそうです。1箱に入っているかんジュースの重さは何kg何gですか。(　)を使って1つの式に表し，答えをもとめましょう。〔12点〕

式

答え

7 同じ大きさの本160さつを20さつずつひもでしばります。20さつをしばるのにひもを2m使います。全部の本をしばるのに，ひもは何mあればよいでしょうか。(　)を使って1つの式に表し，答えをもとめましょう。〔12点〕

式

答え

35 1つの式でとく問題⑱

とく点　　点

1 1箱に，ケーキを5こずつ2列にならべて入れます。ケーキ40こでは，箱は何箱あればよいでしょうか。〔1問10点〕

① 1箱のケーキの数を計算してから，箱の数をもとめましょう。

式　5×2＝□，40÷□＝□

答え　□ 箱

② 1箱のケーキの数は何こになるかを(　)を使って1つの式に表し，答えをもとめましょう。

式　40÷(5×2)＝40÷□

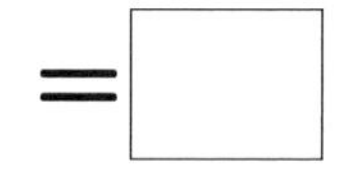

答え　□ 箱

2 1まい10円の画用紙を1人に2まいずつ配ります。160円では，画用紙を何人に配ることができますか。〔1問10点〕

① 1人にかかる金がくを計算してから，配れる人数をもとめましょう。

答え　人

② 1人にかかる金がくは何円になるかを(　)を使って1つの式に表し，答えをもとめましょう。

式　160÷(10×2)＝

答え　人

3　１箱に，ケーキを３こずつ２列にならべて入れます。ケーキ30こでは，箱は何箱あればよいでしょうか。（　）を使って１つの式に表し，答えをもとめましょう。〔12点〕

式

答え

4　１たば30円の色紙を１人に２たばずつ配ります。420円では，色紙を何人に配ることができますか。（　）を使って１つの式に表し，答えをもとめましょう。〔12点〕

式

答え

5　１箱に，りんごを４こずつ２列にならべて入れます。りんご72こでは，箱は何箱あればよいでしょうか。（　）を使って１つの式に表し，答えをもとめましょう。〔12点〕

式

答え

6　１まい20円の画用紙を１人に３まいずつ配ります。720円では，画用紙を何人に配ることができますか。（　）を使って１つの式に表し，答えをもとめましょう。〔12点〕

式

答え

7　25mプールがあります。このプールで600mを泳ぐには，何回おうふくすればよいでしょうか。（　）を使って１つの式に表し，答えをもとめましょう。〔12点〕

式

答え

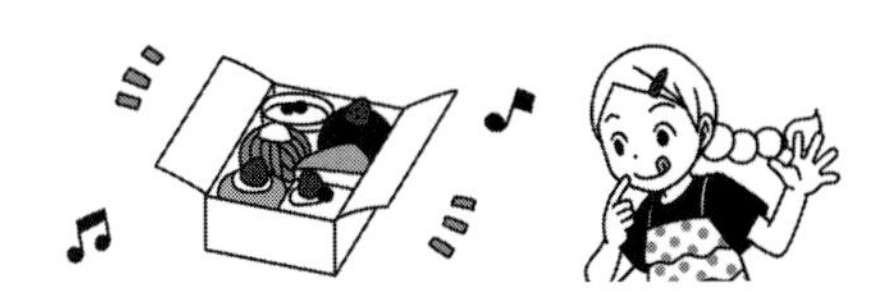

36 1つの式でとく問題⑲

とく点　　点

答え➡ 別冊解答 11ページ

1 150円でえん筆を3本買うことができます。400円では，このえん筆を何本買うことができますか。〔1問10点〕

① えん筆1本のねだんを計算してから，答えをもとめましょう。

式 150÷3＝□，400÷□＝□

答え □ 本

② えん筆1本のねだんは何円かを(　)を使って1つの式に表し，答えをもとめましょう。

式 400÷(150÷3)＝400÷□

＝□

答え □ 本

2 みかん4こで120円です。270円では，このみかんを何こ買うことができますか。〔1問10点〕

① みかん1このねだんを計算してから，答えをもとめましょう。

式 120÷4＝

答え　　こ

② みかん1このねだんは何円かを(　)を使って1つの式に表し，答えをもとめましょう。

答え

3 300円でえん筆を5本買うことができます。540円では，このえん筆を何本買うことができますか。（　）を使って1つの式に表し，答えをもとめましょう。〔12点〕

式

答え

4 りんご3こで240円です。960円では，このりんごを何こ買うことができますか。（　）を使って1つの式に表し，答えをもとめましょう。〔12点〕

式

答え

5 ゆうまさんは，ノートを2さつ買って240円はらいました。お兄さんは，これと同じねだんのノートを何さつか買って600円はらいました。お兄さんはノートを何さつ買いましたか。（　）を使って1つの式に表し，答えをもとめましょう。〔12点〕

式

答え

6 1辺(へん)が6cmの正三角形があります。この正三角形の1辺(へん)の長さは，まわりの長さが9cmの正三角形の1辺(へん)の長さの何倍ですか。（　）を使って1つの式に表し，答えをもとめましょう。〔12点〕

式

答え

7 1辺(へん)が24cmの正方形があります。この正方形の1辺(へん)の長さは，まわりの長さが12cmの正方形の1辺(へん)の長さの何倍ですか。（　）を使って1つの式に表し，答えをもとめましょう。〔12点〕

式

答え

37 1つの式でとく問題⑳

とく点　　点

答え➡ 別冊解答（べっさつかいとう）11ページ

1 　はるとさんたち兄弟は，3人で同じ金がくを出しあって，300円のクッキーと180円のあめと120円のガムを買うことにしました。1人何円ずつ出せばよいでしょうか。（　）を使って1つの式に表し，答えをもとめましょう。〔12点〕

式　$(300+180+120)\div 3=\square\div 3$
$=\square$

答え　□円

2 　おはじきがそれぞれ35こ，32こ，23こ入ったふくろがあります。これをあわせて3人で同じ数ずつ分けると，1人分は何こになりますか。（　）を使って1つの式に表し，答えをもとめましょう。〔12点〕

答え

3 　あんなさんは150円，お姉さんは200円，妹は130円を出してりんごを買います。あわせたお金全部で，1こ60円のりんごを何こ買うことができますか。（　）を使って1つの式に表し，答えをもとめましょう。〔14点〕

式

答え

4 　1こ40円のみかんを6こ買ったら，代金を210円に安くしてくれました。みかん1こについて何円安くなりましたか。(　)を使って1つの式に表し，答えをもとめましょう。〔12点〕

式　$(40\times6-210)\div6=30\div6$

$=$

答え　　　　円

5 　1本60円のえん筆を10本買ったら，代金を550円に安くしてくれました。えん筆1本について何円安くなりましたか。(　)を使って1つの式に表し，答えをもとめましょう。〔12点〕

式

答え

6 　1本70円のえん筆を1ダース買うと，代金を780円にしてくれるそうです。えん筆1本について何円安くなりますか。(　)を使って1つの式に表し，答えをもとめましょう。〔12点〕

式

答え

7 　1さつ140円のノートを5さつ買うと，代金を670円にしてくれるそうです。ノート1さつについて何円安くなりますか。(　)を使って1つの式に表し，答えをもとめましょう。〔12点〕

式

答え

8 　1kgのねだんが200円のみかんを，4kgで700円で売っていました。このみかんは，1kgについて何円安くなっていますか。(　)を使って1つの式に表し，答えをもとめましょう。〔14点〕

式

答え

38 1つの式でとく問題㉑

とく点　　点

答え➡ 別冊解答（べっさつかいとう） 11・12ページ

1　バスにお客さんが32人乗っていました。ていりゅう所でおとなが7人，子どもが5人おりました。お客さんは何人になりましたか。(　)を使って1つの式に表し，答えをもとめましょう。〔10点〕

式

答え

2　かいとさんは，850円の筆箱を40円安くしてもらって買いました。1000円出すと，おつりは何円ですか。(　)を使って1つの式に表し，答えをもとめましょう。〔10点〕

式

答え

3　1さつ110円のノートを20円安くして売っています。1080円では，何さつのノートを買うことができますか。(　)を使って1つの式に表し，答えをもとめましょう。〔10点〕

式

答え

4　しおりさんたち3人は同じ金がくを出しあって，240円のジュースと270円のおかしを買うことにしました。1人何円ずつ出せばよいでしょうか。(　)を使って1つの式に表し，答えをもとめましょう。〔10点〕

式

答え

5　みかんを１箱に24こずつ入れています。お父さんは17箱，お母さんは13箱入れました。箱に入れたみかんは全部で何こですか。(　)を使って１つの式に表し，答えをもとめましょう。〔12点〕

式

答え

6　ひかりさんの組の人数は34人ですが，きょうは２人休んでいます。工作の時間に竹ひごを１人に６本ずつ配りました。配った竹ひごは全部で何本ですか。(　)を使って１つの式に表し，答えをもとめましょう。〔12点〕

式

答え

7　１こ140円のなしが10円安くなっていたので，ゆきえさんは８こ買いました。代金は全部で何円になりますか。(　)を使って１つの式に表し，答えをもとめましょう。〔12点〕

式

答え

8　あめが90こあります。これを６こずつふくろに入れて，１ふくろ70円で売ります。全部売れると何円になりますか。(　)を使って１つの式に表し，答えをもとめましょう。〔12点〕

式

答え

9　１箱に，おかしを５こずつ３列にならべて入れます。おかしが120こでは，箱は何箱あればよいでしょうか。(　)を使って１つの式に表し，答えをもとめましょう。〔12点〕

式

答え

ひとやすみ

◆数字遊び

次のカードを全部使って，100になる式をつくりましょう。

① 1　1　1　1　1　－

② 5　5　5　5　5　×　×　×　－

(答えは別冊の24ページ)

39 がい数①

とく点　　点

答え➡ 別冊解答12ページ

1 次の数を四捨五入して，百の位までのがい数にしましょう。〔1問3点〕

① 340 → □
② 250 → □
③ 1370 → □
④ 2835 → □
⑤ 12608 → □
⑥ 29490 → □

十の位を四捨五入します。

2 次の数を四捨五入して，千の位までのがい数にしましょう。〔1問3点〕

① 3502 → □
② 8280 → □
③ 7456 → □
④ 26375 → □
⑤ 50712 → □
⑥ 64050 → □

百の位を四捨五入します。

3 次の数を四捨五入して，一万の位までのがい数にしましょう。〔1問3点〕

① 34820 → □
② 89321 → □
③ 50470 → □
④ 246283 → □
⑤ 364521 → □
⑥ 708745 → □

千の位を四捨五入します。

4 だいちさんの町にある2つの駅の，ある1日の駅を使った人の数を調べたら，右の表のようでした。この日2つの駅を使った人の数をあわせると，およそ何千何百人ですか。人数をがい数にしてからもとめましょう。〔6点〕

東町駅	1340人
大川駅	2876人

式 1300＋2900＝

答え およそ　　人

5 ももかさんの市にある2つの図書館の，ある1日の入館者数を調べたら，右の表のようでした。この日の2つの図書館の入館者数をあわせるとおよそ何千何百人ですか。人数をがい数にしてからもとめましょう。〔8点〕

東図書館	3154人
南図書館	2738人

式

答え

6 あおいさんの町にある野球場の2日間の入場者数は，右の表のようでした。この2日間の入場者数をあわせると，およそ何万何千人ですか。入場者数をがい数にしてからもとめましょう。〔8点〕

3日	23613人
4日	18458人

式

答え

7 いちかさんの村で，去年と今年のキャベツのとれ高は，右の表のようでした。この2年間でとれたキャベツをあわせると，およそ何千何百kgですか。とれ高をがい数にしてからもとめましょう。〔8点〕

去年	3234kg
今年	4356kg

式

答え

8 ゆうきさんの町でとれたトマトは，去年が3418kg，今年が2662kgでした。去年と今年でとれたトマトをあわせると，およそ何千何百kgですか。とれ高をがい数にしてからもとめましょう。〔8点〕

式

答え

9 あかりさんの町にある動物園の2日間の入園者数は，右の表のようでした。この2日間の入園者数をあわせると，およそ何万何千人ですか。入園者数をがい数にしてからもとめましょう。〔8点〕

10日	5612人
11日	6085人

式

答え

40 がい数②

とく点

点

答え➡ 別冊解答 12ページ

1 さくらさんの町にある2つの駅の，ある1日の駅を使った人の数を調べたら，右の表のようでした。この日2つの駅を使った人の数のちがいは，およそ何千何百人ですか。人数をがい数にしてからもとめましょう。〔10点〕

上田駅	2748人
本川駅	1456人

式 2700－1500＝

答え およそ　　人

2 かのんさんの町にあるサッカー場の2日間の入場者数は，右の表のようでした。この2日間の入場者数のちがいは，およそ何万何千人ですか。入場者数をがい数にしてからもとめましょう。〔10点〕

9日	27642人
10日	17495人

式

答え

3 いつきさんの村の去年と今年のじゃがいものとれ高は，右の表のようでした。とれたじゃがいもは去年と今年で，およそ何千何百kgのちがいがありますか。とれ高をがい数にしてからもとめましょう。〔10点〕

去年	8716kg
今年	7548kg

式

答え

4 だいちさんの村でとれたきゅうりは，去年が4268kg，今年が3842kgでした。とれたきゅうりは去年と今年で，およそ何百kgのちがいがありますか。とれ高をがい数にしてからもとめましょう。〔10点〕

式

答え

5 あかりさんの町にある動物園の2日間の入園者数は，右の表のようでした。この2日間の入園者数は，あわせておよそ何万何千人ですか。入園者数をがい数にしてからもとめましょう。〔12点〕

4日	7842人
5日	6490人

式

答え

6 かいとさんの町にある遊園地の2日間の入園者数は，右の表のようでした。この2日間の入園者数のちがいは，およそ何千何百人ですか。入園者数をがい数にしてからもとめましょう。〔12点〕

3日	6251人
4日	4743人

式

答え

7 えいたさんの町にある野球場の2日間の入場者数は，右の表のようでした。この2日間の入場者数のちがいは，およそ何千人ですか。入場者数をがい数にしてからもとめましょう。〔12点〕

15日	46780人
16日	50439人

式

答え

8 しおりさんの町にあるサッカー場の2日間の入場者数は，右の表のようでした。この2日間の入場者数は，あわせておよそ何万何千人ですか。入場者数をがい数にしてからもとめましょう。〔12点〕

1日	26496人
2日	16535人

式

答え

9 ある町でとれたナスは，去年が7450kg，今年は8625kgでした。とれたナスは，去年と今年のどちらのほうが，およそ何千何百kg多いでしょうか。とれ高をがい数にしてからもとめましょう。〔12点〕

式

答え

41 がい数③

とく点　　点

答え➡ 別冊解答 12ページ

1 次の数を四捨五入して，上から1けたのがい数にしましょう。〔1問3点〕

① 35 →

② 74 →

③ 148 →

④ 263 →

⑤ 4930 →

⑥ 6458 →

⑦ 5362 →

⑧ 8541 →

上から2けためを四捨五入します。

2 1この重さが82kgの荷物が67こあります。この荷物は全部でおよそ何kgありますか。かけられる数とかける数を上から1けたのがい数にして，積を見つもりましょう。〔8点〕

式 80×70＝

答え およそ　　kg

3 学級で文集をつくります。1ページは，1行の字数が43字で32行あります。1ページの字数はおよそ何字ですか。かけられる数とかける数を上から1けたのがい数にして，積を見つもりましょう。〔8点〕

式 40×30＝

答え およそ　　字

4 1この重さが685kgの荷物が52こあります。この荷物全部の重さはおよそ何kgになりますか。かけられる数とかける数を上から1けたのがい数にして，積を見つもりましょう。〔8点〕

式

答え

5 あるくだもの屋さんで，1こ865円のすいかが74こ売れました。すいかの売り上げはおよそ何円ですか。かけられる数とかける数を上から1けたのがい数にして，積を見つもりましょう。〔8点〕

式

答え

6　たくみさんは，１しゅうが435ｍある公園のまわりを，これまでに176しゅうしました。全部でおよそ何ｍ走りましたか。かけられる数とかける数を上から１けたのがい数にして，積(せき)を見つもりましょう。〔８点〕

式

答え

7　４年生187人が遠足に行きます。遠足にかかるお金は１人分が735円です。４年生全体ではおよそ何円になりますか。かけられる数とかける数を上から１けたのがい数にして，積(せき)を見つもりましょう。〔９点〕

式

答え

8　４年生215人が，バスで工場見学に行きます。バス代は１人580円かかります。バス代は全部でおよそ何円になりますか。かけられる数とかける数を上から１けたのがい数にして，積(せき)を見つもりましょう。〔９点〕

式

答え

9　ある会社で，１か月間に8750円のゲームソフトが4138本売れたそうです。このゲームソフトのこの１か月間の売り上げはおよそ何万円ですか。かけられる数とかける数を上から１けたのがい数にして，積(せき)を見つもりましょう。〔９点〕

式

答え

10　ある会社で，今月までに7560円のいすが2719きゃく売れました。このいすの今月までの売り上げはおよそ何万円ですか。かけられる数とかける数を上から１けたのがい数にして，積(せき)を見つもりましょう。〔９点〕

式

答え

42 がい数④

とく点　　点

答え➡別冊解答 12・13ページ

1 りんごが864こあります。これを1箱に27こずつ入れます。箱はおよそ何箱あればよいでしょうか。わられる数とわる数を上から1けたのがい数にして，商を見つもりましょう。〔10点〕

式 900÷30＝□

答え　およそ□箱

2 お父さんは，池のまわりを27しゅう走りました。走った長さは全部で5948mです。池のまわりの長さはおよそ何mありますか。わられる数とわる数を上から1けたのがい数にして，商を見つもりましょう。〔10点〕

式 6000÷30＝

答え　およそ　　m

3 4年1組で遠足に行きました。バス代は全部で75850円でした。これを37人で同じように分けて出すと，1人分はおよそ何円になりますか。わられる数とわる数を上から1けたのがい数にして，商を見つもりましょう。〔10点〕

式

答え

4 自動車工場で，自動車の部品を42こずつ箱につめます。自動車の部品が840こあるとき，箱はおよそ何箱あればよいですか。わられる数とわる数を上から1けたのがい数にして，商を見つもりましょう。〔10点〕

式

答え

5 町内会の運動会で，さんか者全員に品物をあげます。予算が55500円で，さんか者は186人です。1人分は，およそ何円の品物にすればよいですか。わられる数とわる数を上から1けたのがい数にして，商を見つもりましょう。〔10点〕

式

答え

6 　子ども会で遠足に行きました。バス代は全部で55900円でした。これを26人で同じように分けて出すと，１人分はおよそ何円になりますか。わられる数とわる数を上から１けたのがい数にして，商を見つもりましょう。〔10点〕

式

答え

7 　町内会のみんなで遊園地に行きました。かかったお金は全部で374400円でした。これを78人で同じように分けて出すと，１人分はおよそ何円になりますか。わられる数とわる数を上から１けたのがい数にして，商を見つもりましょう。〔10点〕

式

答え

8 　ある店で，１台4850円の電気ポットを売っています。ある１か月間の売上高は281300円でした。この１か月間に売れた台数はおよそ何台ですか。わられる数とわる数を上から１けたのがい数にして，商を見つもりましょう。〔10点〕

式

答え

9 　子ども会で音楽発表会を行いました。会場をかりるのに，175700円かかりました。これを37人で同じように分けて出すと，１人分はおよそ何円になりますか。わられる数とわる数を上から１けたのがい数にして，商を見つもりましょう。〔10点〕

式

答え

10 　ある店で，１本5040円のゲームソフトを売っています。ある１か月間の売上高は136080円でした。この１か月間に売れた本数は，およそ何本ですか。わられる数とわる数を上から１けたのがい数にして，商を見つもりましょう。〔10点〕

式

答え

43 小数のたし算とひき算①

とく点

点

答え➡別冊解答13ページ

1 さとうが大きい入れ物に2kg，小さい入れ物に1.6kg入っています。さとうはあわせて何kgありますか。〔8点〕

式

答え

2 お母さんはきょう，りょう理をつくるのに油を1.4dL使いましたが，まだ1.5dLのこっているそうです。はじめに油は何dLありましたか。〔8点〕

式

答え

3 3.8kgの荷物と3kgの荷物があります。2つの荷物の重さのちがいは何kgですか。〔8点〕

式

答え

4 長さ2.8mのロープがあります。きょう，1.5m使いました。ロープは何mのこっていますか。〔8点〕

式

答え

5 米が2.4kgありました。きょう，0.8kg使いました。米は何kgのこっていますか。〔8点〕

式

答え

6 なつみさんはきょう，牛にゅうを0.3L飲みましたが，まだ1.4Lのこっているそうです。はじめに牛にゅうは何Lありましたか。〔10点〕

式

答え

7 工作ではり金を0.5m使ったので，のこりが2.8mになりました。はじめにはり金は何mありましたか。〔10点〕

式

答え

8 ひろとさんは4.9mのロープを2本に切り分けました。1本は2.5mでした。もう1本は何mですか。〔10点〕

式

答え

9 1.4kgの入れ物にみかんを入れて重さをはかったら，全体で3.2kgありました。みかんだけの重さは何kgですか。〔10点〕

式

答え

10 しょう油が小さいびんに0.4L，大きいびんに0.8Lあります。しょう油は全部で何Lありますか。〔10点〕

式

答え

11 さくらさんはマラソンコースを走っています。2.9km走りました。あと0.6kmでゴールです。全部で何kmのマラソンコースですか。〔10点〕

式

答え

44 小数のたし算とひき算②

とく点
点

答え➡別冊解答13ページ

1 赤いリボンが3.6mあります。青いリボンは赤いリボンより0.5m長いそうです。青いリボンは何mありますか。〔8点〕

式

答え

2 やかんに水が1.8Lあります。そのうち1Lを水とうに入れました。やかんに水は何Lのこっていますか。〔8点〕

式

答え

3 米が5kgありました。きょう1.3kg使いました。米は何kgのこっていますか。〔8点〕

式

答え

4 牛にゅうが1.5Lありました。けさ0.6L飲みました。牛にゅうは何Lのこっていますか。〔8点〕

式

答え

5 15.3Lのとう油がありました。何Lか使ったら，のこりは13.5Lになりました。とう油を何L使いましたか。〔8点〕

式

答え

6 白いテープが1.4m，赤いテープが0.7mあります。白いテープは赤いテープより何m長いですか。〔10点〕

式

答え

7 0.3kgの入れ物にさとうを0.8kg入れました。全体の重さは何kgになりますか。〔10点〕

式

答え

8 かんなさんははり金を3.3m持っていましたが，工作で0.8m使いました。はり金は何mのこっていますか。〔10点〕

式

答え

9 あさひさんの荷物は4.5kgあります。かいとさんの荷物はあさひさんの荷物より1.8kg重いそうです。かいとさんの荷物は何kgですか。〔10点〕

式

答え

10 10kmはなれたおじさんの家まで自転車で行きます。5.2kmのところまできました。あと何kmでおじさんの家に着きますか。〔10点〕

式

答え

11 ジュースがボトルに1.8L，パックに0.8L入っています。ジュースは全部で何Lありますか。〔10点〕

式

答え

45 小数のたし算とひき算③

とく点

点

答え➡ 別冊解答（べっさつかいとう）13ページ

1 ジュースがパックに1.36L，びんに0.51L入っています。ジュースはあわせて何Lになりますか。〔8点〕

式 1.36＋0.51＝□

答え

$$\begin{array}{r} 1.36 \\ +\,0.51 \\ \hline \square.\square\square \end{array}$$

2 重さ0.24kgの入れ物にりんごを3.24kg入れました。全体の重さは何kgになりましたか。〔8点〕

式 0.24＋3.24＝

答え

3 ゆうなさんの家から学校まで0.43kmあります。学校の先に駅があります。学校から駅までは0.12kmです。ゆうなさんの家から学校を通って駅までは何kmありますか。〔8点〕

式

答え

4 りょう理でしょう油を0.15L使いましたが，まだ1.83Lのこっています。しょう油ははじめ何Lありましたか。〔8点〕

式

答え

5 テープをしおりさんは1.23m，ひろとさんは1.42m使いました。2人が使ったテープはあわせて何mですか。〔8点〕

式

答え

6 きょう，お父さんとハイキングに出かけました。行きは4.25km，帰りは3.61kmでした。あわせて何km歩きましたか。〔10点〕

式

答え

7 牛にゅうを，みんなで1.45L飲みました。まだ0.2Lのこっています。牛にゅうははじめ何Lありましたか。〔10点〕

式 0.2＋1.45＝□

	0	.	2
＋1	.	4	5
□	.	□	□

答え

8 きのう，りんごを5.3kgとりました。きょうは4.52kgとりました。りんごはあわせて何kgになりますか。〔10点〕

式 5.3＋4.52＝

答え

9 ロープを2本つくることになりました。1本は0.4m，もう1本は3.22mです。ロープはあわせて何mになりますか。〔10点〕

式

答え

10 大きいつつみの重さをはかったら，2.5kgあります。小さいつつみの重さをはかったら，0.43kgありました。この2つのつつみをいっしょにはかると何kgになりますか。〔10点〕

式

答え

11 重さ0.35kgのかごに，みかんを3.2kg入れて重さをはかったら，何kgになりますか。〔10点〕

式

答え

46 小数のたし算とひき算④

とく点　　点

答え➡別冊解答 13・14ページ

1 油をかんに入れています。はじめに3.57Ｌ入れましたが，まだ入りそうなので0.84Ｌ入れました。油は全部で何Ｌ入りましたか。〔8点〕

式 3.57＋0.84＝□

```
  3.57
＋0.84
―――――
  □.□□
```

答え

2 工作ではり金を2.75ｍ使ったので，のこりが3.48ｍになりました。はじめはり金は何ｍありましたか。〔8点〕

式 3.48＋2.75＝

答え

3 みきさんの家の子ねこの体重は，3.75kgです。親ねこの体重は，子ねこの体重より6.47kg重いそうです。親ねこの体重は何kgですか。〔8点〕

式

答え

4 はるとさんは，家を出て2.37kmの道のりを歩き，帰りは駅によって，3.65kmの道のりを歩きました。全部で何kmになりましたか。〔8点〕

式

答え

5 午前中みかんを3.78kgとりました。午後は6.22kgとりました。みかんは全部で何kgになりましたか。〔8点〕

式

答え

6　２つの水そうに水を入れます。大きい水そうに6.68Ｌ，小さい水そうには3.86Ｌ入れます。全部で何Ｌの水を入れましたか。〔10点〕

式

答え

7　重さ3.8kgのかばんに本2.73kgを入れて，学校へ行きます。全体では何kgのかばんを持って行きますか。〔10点〕

式　3.8＋2.73＝□

$$\begin{array}{r} 3.8 \\ +\,2.73 \\ \hline \square.\square\square \end{array}$$

答え

8　水がやかんに1.83Ｌ入っています。そこに水を1.5Ｌ入れました。やかんの水は何Ｌになりましたか。〔10点〕

式　1.83＋1.5＝

答え

9　重さ0.8kgのかんにさとうが2.56kg入っています。全体の重さは何kgですか。〔10点〕

式

答え

10　くりひろいに行き，そうたさんは1.65kgひろいました。えいたさんはそうたさんより0.7kg多くひろいました。えいたさんはくりを何kgひろいましたか。〔10点〕

式

答え

11　さとうがかんには8.78kg，ふくろには1.5kg入っています。さとうはあわせて何kgですか。〔10点〕

式

答え

47 小数のたし算とひき算⑤

とく点
点

答え➡ 別冊解答 14ページ

1 重さ1.32kgの入れ物にお米を入れました。全体の重さは3.88kgになりました。お米だけでは何kgになりますか。〔8点〕

式 3.88－1.32＝□

$$\begin{array}{r} 3.88 \\ -\ 1.32 \\ \hline \square.\square\square \end{array}$$

答え ＿＿＿＿

2 たて4.25m，横8.55mの長方形の形をした花だんがあります。たてと横の長さのちがいは何mですか。〔8点〕

式 8.55－4.25＝

答え ＿＿＿＿

3 牛にゅうが1.85Lあります。きょう，0.23L飲みました。牛にゅうは何Lのこっていますか。〔8点〕

式

答え ＿＿＿＿

4 じゅんやさんの家から駅まで1.38kmです。たかやさんの家から駅までは1.25kmです。どちらのほうが何km駅に近いでしょうか。〔8点〕

式

答え ＿＿＿＿

5 はり金が2.47mあります。そのうち何mか工作で使ったので，1.05mのこっています。工作で何m使いましたか。〔8点〕

式

答え ＿＿＿＿

6 りんごが5.45kgあります。おばあさんに2.25kg送ることにしました。りんごは何kgのこりますか。〔10点〕

式

答え

7 犬のえさが3.25kgあります。１週間後に重さをはかってみると2.2kgでした。何kg食べたのでしょうか。〔10点〕

式 $3.25-2.2=\square$

$$\begin{array}{r} 3.25 \\ -\ 2.2 \\ \hline \square.\square\square \end{array}$$

答え

8 3.78kmはなれたとなり町のおばさんの家に行きます。今2.5kmまで来ました。あと何kmで着きますか。〔10点〕

式 $3.78-2.5=$

答え

9 しょう油が1.85Ｌあります。お母さんがりょう理で0.2Ｌ使いました。しょう油は何Ｌのこっていますか。〔10点〕

式

答え

10 ゆきさんの家でかっているねこの体重は4.7kg，犬の体重は9.98kgです。ねこは犬より何kg軽いですか。〔10点〕

式

答え

11 ロープが35.58mあります。そのうち大なわに3.5m使いました。ロープは何mのこっていますか。〔10点〕

式

答え

49 小数のかけ算とわり算①

とく点　　点

答え➡ 別冊解答 14ページ

1 　0.8Lの水が入ったびんが4本あります。水は全部で何Lありますか。〔8点〕

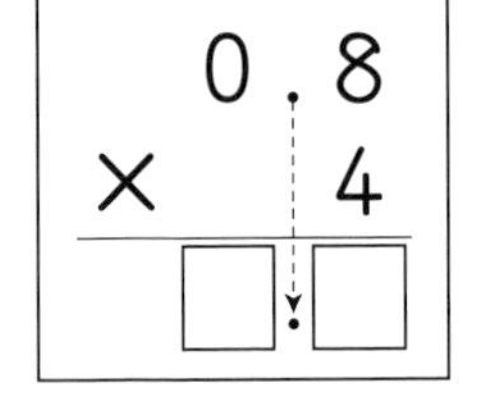

式　0.8×4＝□

答え □ L

2 　1こが0.6kgのかんづめがあります。このかんづめ3この重さは何kgになりますか。〔8点〕

式

答え

3 　白いテープの長さは1.2mです。赤いテープの長さは白いテープの長さの4倍です。赤いテープの長さは何mですか。〔8点〕

式

答え

4 　1こ1.4kgの荷物があります。この荷物5こ分の重さは何kgになりますか。〔8点〕

	1	.	4
×			5
	□	.	0

式

答え

5 　1本の重さが4.5kgの鉄のぼうがあります。この鉄のぼう6本分の重さは何kgになりますか。〔8点〕

式

答え

6 1.32Lのしょう油が入ったびんが4本あります。しょう油は全部で何Lありますか。〔10点〕

1.32L

	1	. 3	2
×			4
	□	. □	□

式 $1.32 \times 4 =$ □

答え ＿＿＿＿

7 1こ3.14kgの荷物があります。この荷物3こ分の重さは何kgになりますか。〔10点〕

式

答え ＿＿＿＿

8 1こが0.72kgのかんづめがあります。このかんづめ4こ分の重さは何kgになりますか。〔10点〕

式

答え ＿＿＿＿

9 はり金を3.62mずつ5本に切りました。はり金は，はじめに何mありましたか。〔10点〕

	3	. 6	2
×			5
□	□	. □	0

式

答え ＿＿＿＿

10 1本の重さが2.75kgの鉄のぼうがあります。この鉄のぼう3本分の重さは何kgになりますか。〔10点〕

式

答え ＿＿＿＿

11 1.35L入りのりんごジュースが8本あります。りんごジュースは全部で何Lになりますか。〔10点〕

式

答え ＿＿＿＿

50 小数のかけ算とわり算②

とく点　　点

答え➡ 別冊解答（べっさつかいとう） 14・15ページ

1 　1こ2.3kgの荷物が14こあります。この荷物全部の重さは何kgになりますか。〔8点〕

式　2.3×14＝□

	2	.	3
×	1		4
	9		2
2	3		
□	□	.	□

答え □ kg

2 　きょう，みかんを2.6kgしゅうかくしました。きのうまでにしゅうかくしたみかんの重さは，きょうの14倍です。きのうまでにしゅうかくしたみかんは何kgですか。〔8点〕

式

答え

3 　ロープを1.4mずつ48本切りました。ロープははじめに何mありましたか。〔8点〕

式

答え

4 　さとうが1ふくろに0.8kgずつ入っています。27ふくろ分のさとうの重さは何kgになりますか。〔8点〕

式

答え

5 　ひかりさんは，0.6kmある池のまわりを14しゅう走りました。全部で何km走りましたか。〔8点〕

式

答え

6 1さつ1.87kgの本が25さつあります。本の重さは全部で何kgありますか。〔10点〕

式 $1.87 \times 25 =$ □

	1	. 8	7
×		2	5
	9	3	5
3	7	4	
□	□	.□	□

答え □ kg

7 はり金を1.62mずつ38本に切りました。はり金は，はじめに何mありましたか。〔10点〕

式

答え

8 工場で，1本2.78kgの鉄のぼうを34本つくりました。鉄のぼうの重さは全部で何kgになりますか。〔10点〕

式

答え

9 1箱にりんごが3.55kg入っています。全部で85箱あります。りんごの重さは全部で何kgになりますか。〔10点〕

式

答え

10 0.98L入りのジュースのびんが65本あります。ジュースは全部で何Lありますか。〔10点〕

式

答え

11 だいちさんは1しゅう0.97kmのマラソンコースを24しゅう走りました。全部で何km走りましたか。〔10点〕

式

答え

51 小数のかけ算とわり算③

とく点
点

答え➡ 別冊解答15ページ

1 しょう油が7.5Lあります。これを3本のびんに同じりょうずつ分けて入れるには，何Lずつ入れればよいでしょうか。〔10点〕

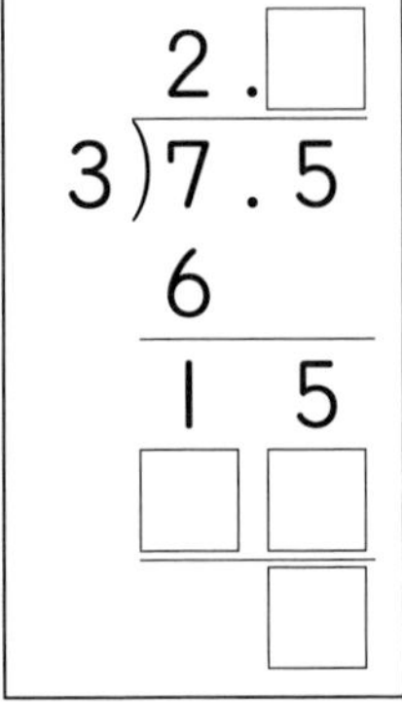

式 $7.5 \div 3 =$

答え

2 鉄のぼう4mの重さをはかったら，11.2kgありました。この鉄のぼう1mの重さは何kgですか。〔10点〕

式

答え

3 さとうが18.4kgあります。これを8つのふくろに同じ重さずつ分けます。1ふくろに何kgずつ入れればよいですか。〔10点〕

式

答え

4 ジュースが9.92Lあります。これを8人で同じりょうずつ分けると，1人分は何Lになりますか。〔10点〕

式

答え

5 ひろきさんは，小鳥にえさを4日間で7.72kg食べさせました。小鳥は1日何kgずつえさを食べたことになりますか。〔10点〕

式

答え

6　同じ重さの本４さつの重さをはかったら，全部で2.8kgありました。この本１さつの重さは何kgですか。〔10点〕

式　2.8÷４＝□

$$\begin{array}{r} 0.\square \\ 4\overline{)2.8} \end{array}$$

答え □ kg

7　リボンが3.5mあります。これを７人で同じ長さずつ分けると１人分は何mになりますか。〔10点〕

式

答え

8　ジュースが2.46Lあります。これを６人で同じりょうずつ分けると１人分は何Ｌになりますか。〔10点〕

式

答え

9　荷物が4.35kgあります。これを５人で同じ重さずつ運ぶと，１人何kgずつ運ばなければなりませんか。〔10点〕

式

答え

10　レタスが7.92kgあります。９つのかごに同じ重さに分けます。１つのかごには何kgのレタスが入っていますか。〔10点〕

式

答え

52 小数のかけ算とわり算④

とく点　　点

答え➡別冊解答15ページ

1 ジュースが16.8Lあります。これを12人で等分すると，1人分は何Lになりますか。〔10点〕

式　16.8÷12＝□

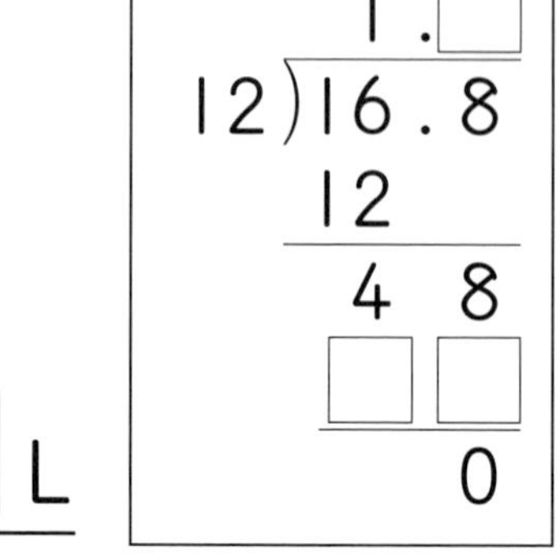

答え　□ L

2 とう油が43.2Lあります。これを同じりょうずつ18本のびんに分けて入れます。1本に何Lずつ入れればよいでしょうか。〔10点〕

式

答え

3 りんごが62.4kgあります。これを24の箱に同じ重さずつ分けて入れます。1箱に何kgずつ入れればよいでしょうか。〔10点〕

式

答え

4 みかんが31.5kgあります。これを18の箱に同じ重さに分けて入れます。1箱に何kgずつ入れればよいでしょうか。〔10点〕

式

答え

5 ロープが65.52mあります。これを同じ長さで26本に切り分けます。1本のロープの長さを何mにすればよいでしょうか。〔10点〕

式

答え

6 68.75mのテープを11等分すると1本は何mになりますか。〔10点〕

式

答え

7 ひかりさんのぼく場では，15頭の牛に同じりょうずつえさをあげます。きょうは，全部で76.65kgあげました。1頭に何kgのえさをあげたでしょうか。〔10点〕

式

答え

8 2.4Lの牛にゅうを12人で等分します。1人分は何Lになりますか。〔10点〕

式 2.4÷12＝

答え L

$$\begin{array}{r} 0.\square \\ 12\overline{)2.4} \end{array}$$

9 いちごが5.2kgとれました。これを13の箱に同じ重さずつ分けて入れます。1箱に何kgずつ入れればよいでしょうか。〔10点〕

式

答え

10 27Lの油の重さをはかったら25.92kgでした。この油1Lの重さは何kgになりますか。〔10点〕

式

答え

53 小数のかけ算とわり算⑤

とく点

点

答え➡ 別冊解答 15ページ

1 牛にゅうが0.3Lずつ入ったコップが３つあります。牛にゅうは全部で何Lありますか。〔10点〕

式

答え

2 図かんの重さをはかったら，１さつが2.6kgありました。４さつでは何kgになりますか。〔10点〕

式

答え

3 リボンを0.42mずつ使って，かざりをつくります。かざりを3つつくるには，リボンは何mいりますか。〔10点〕

式

答え

4 重さが１つ１.78kgの荷物が26こあります。荷物の重さは全部で何kgになりますか。〔10点〕

式

答え

5 ペットボトルに水を0.95Lずつ入れていくと，ペットボトルが36こできました。水は全部で何Lありますか。〔10点〕

式

答え

6 7.2mのロープを，同じ長さずつ3本に切ります。1本分の長さは何mですか。〔10点〕

式

答え

7 さとうが17.5gあります。これを5つのさらに同じ重さずつ分けます。1つのさらに何gずつ入れればよいですか。〔10点〕

式

答え

8 ジュースが5.16Lあります。これを6人で同じりょうずつ分けると，1人分は何Lになりますか。〔10点〕

式

答え

9 ある食どうには米が34.27kgありました。この米を毎日同じ重さずつ，23日で使い切りました。1日に何kg使いましたか。〔10点〕

式

答え

10 17.25mのひもを75人に同じ長さずつ切り分けます。1人分は何mになりますか。〔10点〕

式

答え

54 小数のかけ算とわり算⑥

とく点　　点

答え➡別冊解答 15・16ページ

1 テープが7.5mあります。これを2mずつ切ると，何本できて，何mあまりますか。〔8点〕

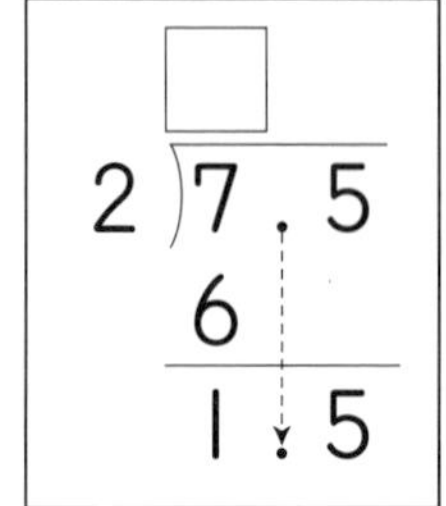

式 7.5÷2＝□あまり□

答え □本できて，□mあまる。

2 ジュースが8.5Lあります。これを2Lずつびんに入れると，何本できて，何Lあまりますか。〔8点〕

式 8.5÷2＝

答え 本できて，　Lあまる。

3 大豆が33.2kgあります。これを1ふくろに4kgずつ入れると，何ふくろできて，何kgあまりますか。〔8点〕

式

答え

4 油が45.8Lあります。これを5Lずつかんに入れると，何かんできて，何Lあまりますか。〔8点〕

式

答え

5 米が52.4kgあります。これを6kgずつふくろに入れると，何ふくろできて，何kgあまりますか。〔8点〕

式

答え

6 しょう油が36.8Lあります。これを3Lずつびんに入れると，3L入りのびんは何本できて，何Lあまりますか。〔10点〕

式

答え

7 小鳥のえさが31.9kgあります。1日に2kgずつ食べさせると，何日分になりますか。また，えさは何kgあまりますか。〔10点〕

式

答え

8 さとうが49.5kgあります。これを1ふくろに4kgずつ入れると，何ふくろできて，何kgあまりますか。〔10点〕

式

答え

9 ぶどうが94.3kgとれました。これを12kgずつ箱に入れると，何箱できて，何kgあまりますか。〔10点〕

式

答え

10 ひもが69.2mあります。これを25mずつに切ると，25mのひもは何本できて，何mあまりますか。〔10点〕

式

答え

11 とう油が87.6Lあります。これを18Lずつタンクに入れます。18L入りのタンクはいくつできて，何Lあまりますか。〔10点〕

式

答え

55 小数のかけ算とわり算⑦

とく点　　点

答え➡ 別冊解答16ページ

1 8mのテープを5人で等分します。1人分は何mになりますか。わり切れるまで計算して答えをもとめましょう。〔10点〕

式 8÷5＝

$$\begin{array}{r} 1.\square \\ 5\overline{)8.0} \\ 5 \\ \hline 30 \\ \square\square \\ \hline 0 \end{array}$$

答え　　m

2 6Lの水を4つのびんに等分して入れます。1つのびんに何Lずつ入れればよいでしょうか。わり切れるまで計算して答えをもとめましょう。〔10点〕

式

答え

3 15mのはり金があります。これを同じ長さになるように6本に切ります。1本の長さを何mにすればよいでしょうか。わり切れるまで計算して答えをもとめましょう。〔10点〕

式

答え

4 赤いテープが5.88m，白いテープが2mあります。赤いテープの長さは，白いテープの長さの何倍ですか。〔10点〕

式 5.88÷2＝

答え　　倍

5 長方形の形をした花だんがあります。たての長さは5.4m，横の長さは4mです。たての長さは，横の長さの何倍ですか。〔10点〕

式

答え

6 34.2gのさとうを等分して，４つのさらに入れます。１つのさらに何gずつ入れればよいですか。わり切れるまで計算して答えをもとめましょう。〔10点〕

式 $34.2 \div 4 =$

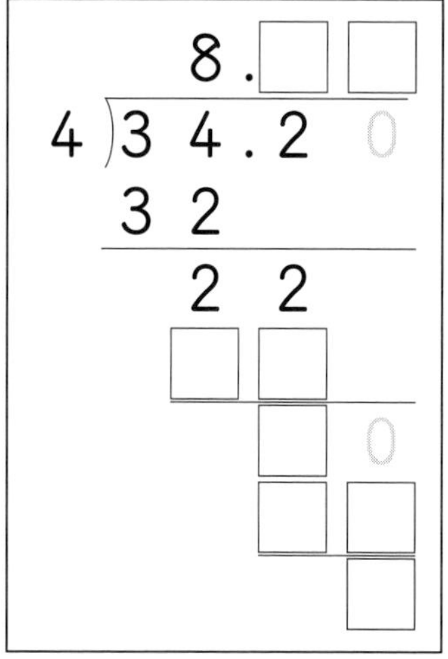

答え

7 長さ21mのリボンがあります。このリボンを５人で同じ長さずつ分けると，１人分は何mになりますか。わり切れるまで計算して答えをもとめましょう。〔10点〕

式

答え

8 しょう油が5.2Lあります。このしょう油を８つのびんに等分して入れます。１つのびんに何Lずつ入れればよいですか。わり切れるまで計算して答えをもとめましょう。〔10点〕

式

答え

9 全部で41.4kgの荷物を15人で運びました。１人が何kgの荷物を運んだといえますか。わり切れるまで計算して答えをもとめましょう。〔10点〕

式

答え

10 牛にゅうが12.6Lあります。この牛にゅうを，36人で同じりょうずつ分けると，１人分は何Lになりますか。わり切れるまで計算して答えをもとめましょう。〔10点〕

式

答え

56 小数のかけ算とわり算⑧

とく点　　点

答え➡別冊解答16ページ

1　7Lの水を3人で等分します。1人分は約何Lになりますか。答えは四捨五入して，$\frac{1}{10}$の位までのがい数でもとめましょう。〔8点〕

式　$7 \div 3 = 2.33\cdots$

答え　約□L

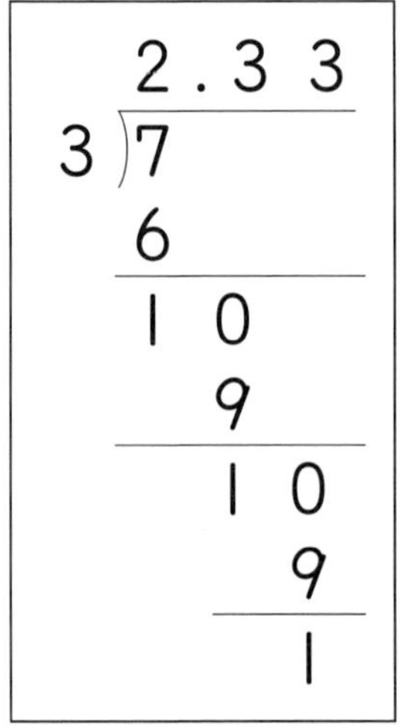

2　8mのひもを6人で等分します。1人分は約何mになりますか。答えは四捨五入して，$\frac{1}{10}$の位までのがい数でもとめましょう。〔8点〕

式　$8 \div 6 = 1.33\cdots$

答え　約　　m

3　46kgの米があります。これを7人で同じ重さずつ分けると，1人分は約何kgになりますか。答えは四捨五入して，$\frac{1}{10}$の位までのがい数でもとめましょう。〔8点〕

式

答え

4　7Lのジュースがあります。これを12人で同じりょうずつ分けると，1人分は約何Lになりますか。答えは四捨五入して，$\frac{1}{100}$の位までのがい数でもとめましょう。〔8点〕

式

答え

5　64kgのみかんを21人で等分します。1人分は約何kgになりますか。答えは四捨五入して，$\frac{1}{100}$の位までのがい数でもとめましょう。〔10点〕

式

答え

6 5mのテープを6人で等分します。1人分は約何mになりますか。答えは四捨五入(ししゃごにゅう)して，上から1けたのがい数でもとめましょう。〔8点〕

式 5÷6＝0.83…

答え ＿＿＿＿＿＿

7 5.2Lの牛にゅうがあります。これを6人で同じりょうずつ分けると，1人分は約何Lになりますか。答えは四捨五入(ししゃごにゅう)して，上から1けたのがい数でもとめましょう。〔10点〕

式

答え ＿＿＿＿＿＿

8 8.4mのひもを9人で等分します。1人分は約何mになりますか。答えは四捨五入(ししゃごにゅう)して，上から2けたのがい数でもとめましょう。〔10点〕

式

答え ＿＿＿＿＿＿

9 28.4Lのジュースがあります。これを18人で同じりょうずつ分けると，1人分は約何Lになりますか。答えは四捨五入(ししゃごにゅう)して，上から2けたのがい数でもとめましょう。〔10点〕

式

答え ＿＿＿＿＿＿

10 53.8kgのさとうを21人で等分します。1人分は約何kgになりますか。答えは四捨五入(ししゃごにゅう)して，上から2けたのがい数でもとめましょう。〔10点〕

式

答え ＿＿＿＿＿＿

11 62.4mのはり金があります。これを14人で同じ長さずつ分けると，1人分は約何mになりますか。答えは四捨五入(ししゃごにゅう)して，上から2けたのがい数でもとめましょう。〔10点〕

式

答え ＿＿＿＿＿＿

57 小数のかけ算とわり算⑨

とく点

点

答え➡別冊解答16ページ

1 牛にゅうが5.7dL入ったびんが7本あります。牛にゅうは全部で何dLありますか。〔8点〕

式

答え

2 りんごが1箱に3.6kgずつ入っています。このりんご24箱分の重さは何kgですか。〔8点〕

式

答え

3 1本が2.53mのテープが28本あります。テープの長さは全部で何mになりますか。〔8点〕

式

答え

4 油が9.1Lあります。これを7人で同じりょうずつ分けると，1人分は何Lになりますか。〔8点〕

式

答え

5 さとうが76.32kgあります。これを24人で同じ重さになるように分けると，1人分は何kgになりますか。〔8点〕

式

答え

6 米が38.4kgあります。これを4kgずつふくろに入れると，何ふくろできて，何kgあまりますか。〔8点〕

式

答え

7 ひもが53.4mあります。これを1本22mになるように切ると，何本できて，何mあまりますか。〔8点〕

式

答え

8 27kgのみかんを6つの箱に等分して入れます。1箱に何kgずつ入れればよいですか。わり切れるまで計算して答えをもとめましょう。〔8点〕

式

答え

9 31.5Lの牛にゅうを25本のびんに等分して入れます。1本に何Lずつ入れればよいですか。わり切れるまで計算して答えをもとめましょう。〔8点〕

式

答え

10 さとうが大きいふくろに41.4kg，小さいふくろに12kg入っています。大きいふくろのさとうの重さは，小さいふくろのさとうの重さの何倍ですか。〔8点〕

式

答え

11 7.4Lのジュースがあります。これを6人で同じりょうずつ分けると，1人分は約何Lになりますか。答えは四捨五入して，上から2けたのがい数でもとめましょう。〔10点〕

式

答え

12 68.4mのひもを25人で等分します。1人分は約何mになりますか。答えは四捨五入して，上から2けたのがい数でもとめましょう。〔10点〕

式

答え

59 分数のたし算とひき算②

とく点　　点

答え➡ 別冊解答 17ページ

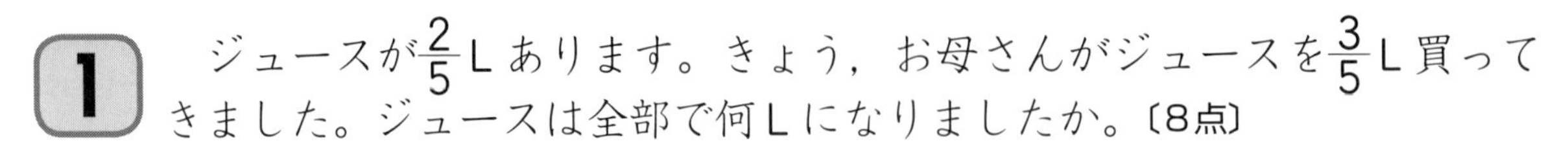

1 ジュースが$\frac{2}{5}$Lあります。きょう，お母さんがジュースを$\frac{3}{5}$L買ってきました。ジュースは全部で何Lになりましたか。〔8点〕

式

答え

2 赤いテープが$\frac{2}{5}$m，白いテープが$\frac{4}{5}$mあります。テープはあわせて何mありますか。〔8点〕

式

$$\frac{2}{5}+\frac{4}{5}=\frac{\boxed{6}}{5}=\boxed{1}\frac{\boxed{}}{5}$$

答え　$\boxed{}\frac{\boxed{}}{5}$m

3 牛にゅうが$\frac{3}{5}$Lあります。きょう，お母さんが牛にゅうを$\frac{4}{5}$L買ってきました。牛にゅうは全部で何Lになりましたか。〔8点〕

式

答え

4 板をぬるのに，ペンキを$\frac{5}{9}$L使ったら，$\frac{4}{9}$Lのこりました。ペンキは，はじめに何Lありましたか。〔8点〕

式

答え

5 工作で，ひもを$\frac{5}{9}$m使ったので，のこりが$\frac{6}{9}$mになりました。ひもは，はじめに何mありましたか。〔8点〕

式

答え

6　こうじさんは，重さ$\frac{5}{7}$kgのさとうを，$\frac{2}{7}$kgの入れ物に入れました。全体の重さは何kgになりますか。〔10点〕

式

答え

7　りょう理で，しょう油を$\frac{5}{7}$L使いましたが，まだ$\frac{3}{7}$Lのこっています。しょう油は，はじめに何Lありましたか。〔10点〕

式

答え

8　麦茶が$\frac{2}{4}$Lあります。きょう，お母さんが，さらに$\frac{3}{4}$Lつくってくれました。麦茶は全部で何Lになりましたか。〔10点〕

式

答え

9　油をかんに入れています。はじめに$\frac{4}{6}$L入れましたが，まだ入りそうなので，さらに$\frac{2}{6}$L入れました。油は全部で何L入りましたか。〔10点〕

式

答え

10　工作で，はり金を$\frac{6}{5}$m使ったので，のこりが$\frac{1}{5}$mになりました。はり金は，はじめに何mありましたか。〔10点〕

式

答え

11　テープを，みつきさんは$\frac{1}{3}$m，みちよさんは$\frac{4}{3}$m使いました。２人が使ったテープの長さは，あわせて何mですか。〔10点〕

式

答え

60 分数のたし算とひき算③

とく点　　点

答え➡別冊解答17ページ

1 テープが$\frac{4}{5}$mありました。きょう，そのうちの$\frac{1}{5}$mを使いました。テープは何mのこっていますか。〔8点〕

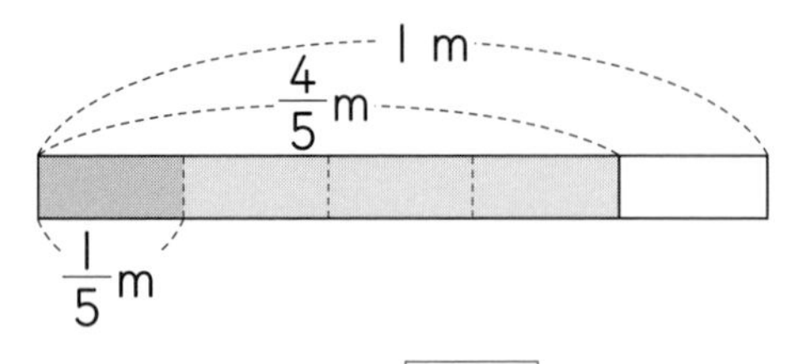

式　$\frac{4}{5}-\frac{1}{5}=\frac{\square}{5}$

答え　$\frac{\square}{5}$m

2 牛にゅうが$\frac{4}{5}$Lありました。きょう，そのうちの$\frac{2}{5}$Lを飲みました。牛にゅうは何Lのこっていますか。〔8点〕

式　$\frac{4}{5}-\frac{2}{5}=$

答え　L

3 さとうが$\frac{4}{5}$kgありました。きょう，りょう理でそのうちの$\frac{3}{5}$kgを使いました。さとうは何kgのこっていますか。〔8点〕

式

答え

4 ジュースが$\frac{7}{9}$L，牛にゅうが$\frac{2}{9}$Lあります。ジュースは，牛にゅうより何L多くありますか。〔8点〕

式

答え

5 米が$\frac{8}{9}$kgありました。きょう，そのうちの$\frac{4}{9}$kgを食べました。米は何kgのこっていますか。〔8点〕

式

答え

6 白いリボンが$\frac{7}{8}$m，赤いリボンが$\frac{2}{8}$mあります。白いリボンと赤いリボンの長さのちがいは何mですか。〔10点〕

式

答え ____________

7 あずきが$\frac{6}{7}$kgありました。そのうちの$\frac{2}{7}$kgをとなりの家にあげました。あずきは何kgのこっていますか。〔10点〕

式

答え ____________

8 みかんが$\frac{6}{9}$kg，いちごが$\frac{4}{9}$kgあります。みかんは，いちごより何kg多くありますか。〔10点〕

式

答え ____________

9 小鳥のえさが$\frac{9}{10}$kgありました。これまでに，そのうちの$\frac{2}{10}$kgを食べさせました。小鳥のえさは何kgのこっていますか。〔10点〕

式

答え ____________

10 かんにとう油が$\frac{5}{7}$Lありました。そのうちの$\frac{3}{7}$Lをストーブに入れました。かんの中のとう油は何Lになりましたか。〔10点〕

式

答え ____________

11 はるきさんの家から東へ$\frac{8}{9}$km行ったところに駅があり，西へ$\frac{6}{9}$km行ったところに学校があります。どちらのほうがはるきさんの家から遠くにありますか。また，何km遠くにありますか。〔10点〕

式

答え ____________

61 分数のたし算とひき算④

とく点

点

答え➡ 別冊解答 17・18ページ

1 リボンが１ｍありました。そのうちの$\frac{1}{5}$ｍを使いました。リボンは何ｍのこっていますか。〔８点〕

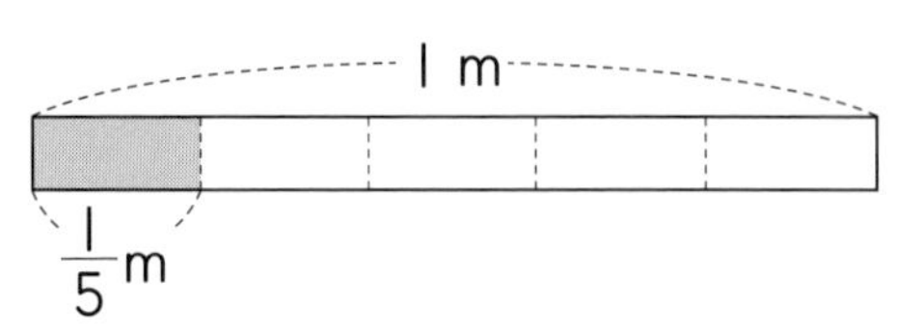

式

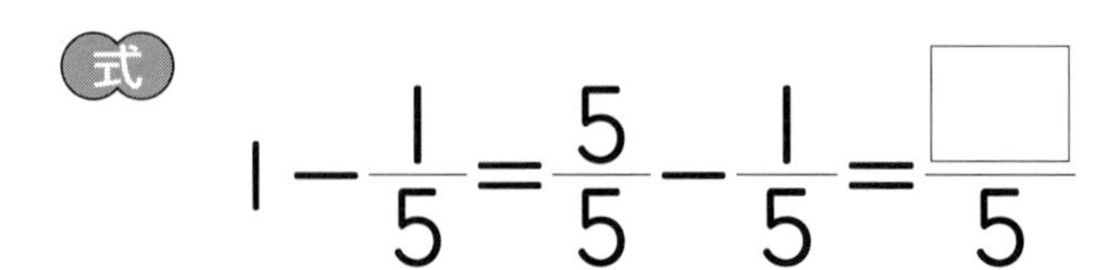

$1-\frac{1}{5}=\frac{5}{5}-\frac{1}{5}=\frac{\square}{5}$

答え $\frac{\square}{5}$ｍ

2 ジュースが１Ｌありました。きょう，そのうちの$\frac{1}{4}$Ｌを飲みました。ジュースは何Ｌのこっていますか。〔８点〕

式 $1-\frac{1}{4}=$

答え　　　Ｌ

3 りんごジュースが１Ｌ，みかんジュースが$\frac{4}{5}$Ｌあります。りんごジュースとみかんジュースのりょうのちがいは何Ｌですか。〔８点〕

式

答え

4 はり金が１ｍありました。工作で，そのうちの$\frac{3}{8}$ｍを使いました。はり金は何ｍのこっていますか。〔８点〕

式

答え

5 えいたさんは，１kmはなれたおじさんの家に自転車で向かっています。これまでに$\frac{7}{10}$km走りました。あと何km走ると，おじさんの家に着きますか。〔８点〕

式

答え

6 テープが$\frac{6}{5}$mありました。きょう，そのうちの$\frac{2}{5}$mを使いました。テープは何mのこっていますか。〔10点〕

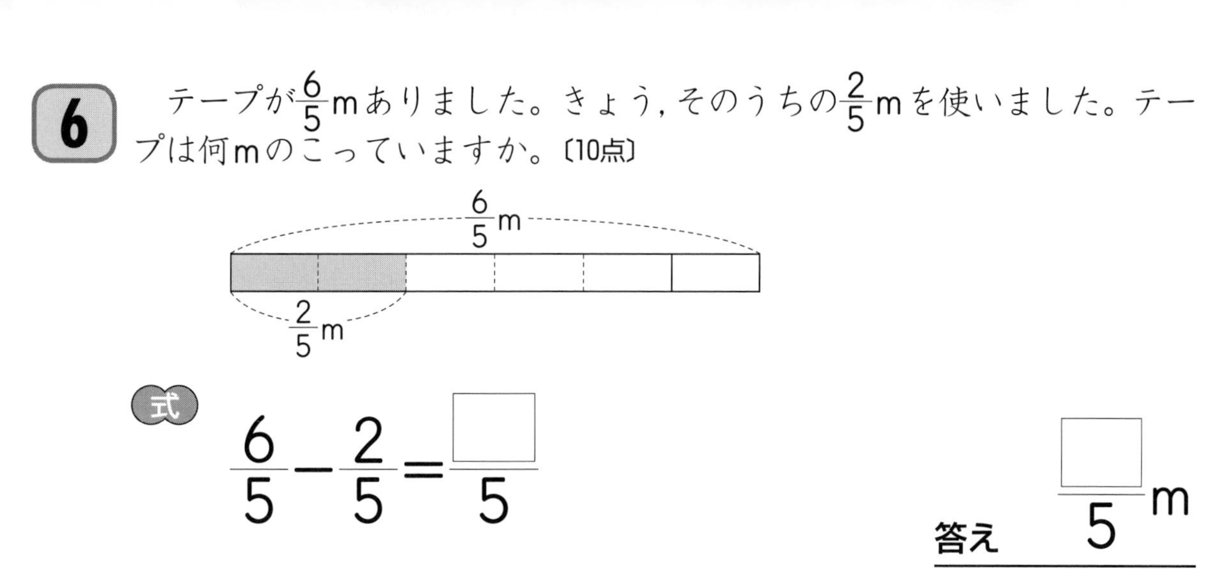

式 $\frac{6}{5}-\frac{2}{5}=\frac{\square}{5}$

答え $\frac{\square}{5}$m

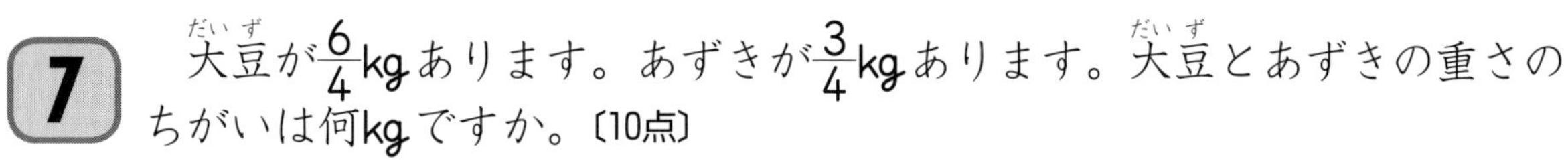

7 大豆(だいず)が$\frac{6}{4}$kgあります。あずきが$\frac{3}{4}$kgあります。大豆(だいず)とあずきの重さのちがいは何kgですか。〔10点〕

式 $\frac{6}{4}-\frac{3}{4}=$

答え kg

8 赤いリボンが$\frac{8}{7}$m，白いリボンが$\frac{5}{7}$mあります。赤いリボンと白いリボンの長さのちがいは何mですか。〔10点〕

式

答え

9 ジュースが$\frac{7}{5}$Lありました。そのうちの$\frac{4}{5}$Lを飲みました。ジュースは何Lのこっていますか。〔10点〕

式

答え

10 みかんが大きい箱に$\frac{11}{9}$kg，小さい箱に$\frac{6}{9}$kg入っています。大きい箱と小さい箱のみかんの重さのちがいは何kgですか。〔10点〕

式

答え

11 あおいさんは，家から$\frac{7}{3}$kmはなれた公園に向かって歩いています。これまでに$\frac{5}{3}$km歩きました。あと何km歩くと，公園に着きますか。〔10点〕

式

答え

62 分数のたし算とひき算⑤

とく点　　点

答え➡別冊解答18ページ

1 赤いテープが$\frac{2}{7}$m，青いテープが３mあります。テープは全部で何mありますか。〔8点〕

式　$\frac{2}{7}+3=3\frac{2}{7}$

答え　m

2 とう油をかんに入れています。はじめに２L入れました。まだ入りそうなので，さらに$\frac{8}{9}$L入れました。とう油は全部で何L入りましたか。〔8点〕

式

答え

3 ももかさんは，毛糸でひもをあんでいます。これまでに，$3\frac{1}{4}$mあみました。きょう，また２mあみました。ひもは全部で何mになりましたか。〔8点〕

式

答え

4 ジュースがパックに$1\frac{1}{4}$L，びんに１L入っています。ジュースは全部で何Lありますか。〔8点〕

式

答え

5 はり金があります。工作で$3\frac{5}{6}$m使ったので，のこりが２mになりました。はり金は，はじめに何mありましたか。〔8点〕

式

答え

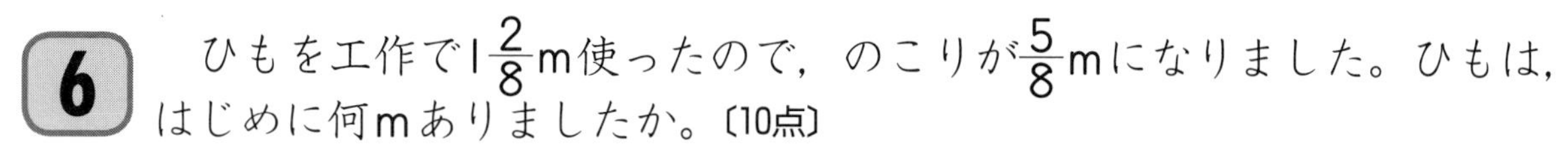

6 ひもを工作で$1\frac{2}{8}$m使ったので，のこりが$\frac{5}{8}$mになりました。ひもは，はじめに何mありましたか。〔10点〕

式 $\frac{5}{8}+1\frac{2}{8}=1\frac{7}{8}$

答え　　　m

7 かんなさんは，毛糸でひもをあんでいます。きのう$\frac{5}{7}$mあみました。きょう，また$1\frac{1}{7}$mあみました。ひもは全部で何mになりましたか。〔10点〕

式

答え

8 はり金があります。工作で$\frac{2}{4}$m使ったので，のこりが$2\frac{3}{4}$mになりました。はり金は，はじめに何mありましたか。〔10点〕

式 $2\frac{3}{4}+\frac{2}{4}=2\frac{5}{4}=3\frac{1}{4}$

答え　　　m

9 みかんが$2\frac{4}{10}$kgあります。きょう，みかんを$\frac{9}{10}$kg買ってきました。みかんは全部で何kgになりましたか。〔10点〕

式

答え

10 だいちさんは，かんにとう油を$4\frac{3}{7}$L入れました。まだ入るので，あと$\frac{6}{7}$L入れました。だいちさんはとう油を全部で何L入れましたか。〔10点〕

式

答え

11 米が，ふくろに$2\frac{4}{5}$kg入っています。あとから$\frac{3}{5}$kg入れました。ふくろの米は全部で何kgになりましたか。〔10点〕

式

答え

64 分数のたし算とひき算⑦

とく点

点

答え➡別冊解答(べっさつかいとう)19ページ

1 油が$3\frac{4}{7}$Lあります。そのうち２L使いました。油は何Lのこっていますか。〔8点〕

式 $3\frac{4}{7}-2=1\frac{4}{7}$

答え　L

2 赤いリボンが$2\frac{5}{6}$m，白いリボンが２mあります。赤いリボンと白いリボンの長さのちがいは何mですか。〔8点〕

答え

3 みかんが大きい箱に$2\frac{1}{5}$kg，小さい箱に２kgあります。大きい箱と小さい箱のみかんの重さのちがいは何kgですか。〔8点〕

式

答え

4 はり金が$7\frac{5}{8}$mあります。そのうちの４mを工作で使いました。はり金は何mのこっていますか。〔8点〕

式

答え

5 しおが$2\frac{5}{8}$kgあります。そのうちの$\frac{4}{8}$kgを使いました。しおは何kgのこっていますか。〔8点〕

式 $2\frac{5}{8}-\frac{4}{8}=2\frac{1}{8}$

答え　kg

6 ジュースが$2\frac{4}{6}$Lあります。そのうちの$\frac{3}{6}$Lを飲みました。ジュースは何Lのこっていますか。〔10点〕

式

答え

7 牛にゅうが$3\frac{4}{5}$Lあります。そのうちの$\frac{2}{5}$Lを飲みました。牛にゅうは何Lのこっていますか。〔10点〕

式

答え

8 みかんが大きい箱に$3\frac{1}{7}$kg，小さい箱に$\frac{5}{7}$kgあります。2つの箱のみかんの重さのちがいは何kgですか。〔10点〕

式 $3\frac{1}{7}-\frac{5}{7}=2\frac{8}{7}-\frac{5}{7}=2\frac{3}{7}$

答え kg

9 ぶた肉が$2\frac{1}{4}$kgあります。そのうちの$\frac{2}{4}$kgを食べました。ぶた肉は何kgのこっていますか。〔10点〕

式

答え

10 はり金が$2\frac{5}{8}$mあります。そのうちの$\frac{6}{8}$mを工作で使いました。はり金は何mのこっていますか。〔10点〕

式

答え

11 リボンが$3\frac{4}{6}$mあります。そのうちの$\frac{5}{6}$mを使いました。リボンは何mのこっていますか。〔10点〕

式

答え

65 分数のたし算とひき算⑧

とく点　　点

答え➡ 別冊解答（べっさつかいとう） 19ページ

1　米が$2\frac{4}{8}$kgあります。そのうちの$1\frac{1}{8}$kgを食べました。米は何kgのこっていますか。〔8点〕

式　$2\frac{4}{8}-1\frac{1}{8}=1\frac{3}{8}$

答え　　kg

2　ぶどうが$2\frac{5}{6}$kg，かきが$2\frac{4}{6}$kgとれました。とれたぶどうとかきの重さのちがいは何kgですか。〔8点〕

式

答え

3　お母さんが，麦茶を$2\frac{4}{7}$Lつくりました。きょう，$1\frac{2}{7}$Lを飲みました。麦茶は何Lのこっていますか。〔8点〕

式

答え

4　さつまいもが$3\frac{1}{4}$kgとれました。そのうちの$1\frac{2}{4}$kgをとなりの家にあげました。さつまいもは何kgのこっていますか。〔8点〕

式　$3\frac{1}{4}-1\frac{2}{4}=2\frac{5}{4}-1\frac{2}{4}=1\frac{3}{4}$

答え　　kg

5　赤いテープが$2\frac{3}{5}$m，黄色いテープが$1\frac{4}{5}$mあります。赤いテープと黄色いテープの長さのちがいは何mですか。〔8点〕

式

答え

6 なしが大きい箱に$3\frac{1}{6}$kg，小さい箱に$2\frac{2}{6}$kgあります。大きい箱と小さい箱のなしの重さのちがいは何kgですか。〔10点〕

式

答え ＿＿＿＿＿＿

7 とり肉が$2\frac{3}{8}$kgあります。そのうちの$1\frac{4}{8}$kgを食べました。とり肉は何kgのこっていますか。〔10点〕

式

答え ＿＿＿＿＿＿

8 なわが$6\frac{3}{5}$mあります。そのうちの$2\frac{4}{5}$mをかきねのしゅう理に使いました。なわは何mのこっていますか。〔10点〕

式

答え ＿＿＿＿＿＿

9 ジュースが2Lあります。そのうちの$\frac{5}{6}$Lを飲みました。ジュースは何Lのこっていますか。〔10点〕

式 $2-\frac{5}{6}=1\frac{6}{6}-\frac{5}{6}=1\frac{1}{6}$

答え ＿＿＿＿＿＿ L

10 はり金が2mあります。そのうちの$1\frac{2}{7}$mを使いました。はり金は何mのこっていますか。〔10点〕

式

答え ＿＿＿＿＿＿

11 りんごジュースが$1\frac{1}{8}$L，みかんジュースが2Lあります。りんごジュースとみかんジュースのりょうのちがいは何Lですか。〔10点〕

式

答え ＿＿＿＿＿＿

66 かわり方調べ①

とく点

点

答え➡ 別冊解答 19・20ページ

1 　しおりさんは，お母さんからえん筆を10本もらいました。このえん筆を，しおりさんと妹の２人で分けます。

① しおりさんと妹のえん筆の本数を表に書きましょう。〔10点〕

しおりさんの本数（□本）	1	2	3	4	5	6	…
妹の本数（○本）	9	8					…

② しおりさんの本数が１本ふえると，妹の本数は何本へりますか。〔6点〕

答え　　本へる。

③ しおりさんのえん筆の本数を□本，妹のえん筆の本数を○本として，□と○のかん係を式に書きましょう。〔6点〕

答え　□＋○＝10

④ ③の式で，□にあう数が８のとき，○にあう数はいくつですか。〔6点〕

答え

2 　たくみさんは，お母さんから色紙を12まいもらいました。この色紙を，たくみさんと妹の２人で分けます。

① たくみさんと妹の色紙のまい数を表に書きましょう。〔10点〕

たくみさんのまい数（□まい）	1	2	3	4	5	6	…
妹のまい数（○まい）	11						…

② たくみさんの色紙のまい数を□まい，妹の色紙のまい数を○まいとして，□と○のかん係を式に表しましょう。〔6点〕

答え

③ ②の式で，□にあう数が９のとき，○にあう数はいくつですか。〔8点〕

答え

3 ジュースが18dLあります。そのうち，いくらかを飲みます。

① 飲んだジュースのりょうと，のこったジュースのりょうを表に書きましょう。〔10点〕

飲んだジュースのりょう（□dL）	1	2	3	4	5	6	7	…
のこったジュースのりょう（○dL）								…

② 飲んだジュースのりょうを□dL，のこったジュースのりょうを○dLとして，□と○のかん係を式に表しましょう。〔6点〕

答え

③ ②の式で，□にあう数が8のとき，○にあう数はいくつですか。〔8点〕

答え

4 まわりの長さが16cmの四角形があります。

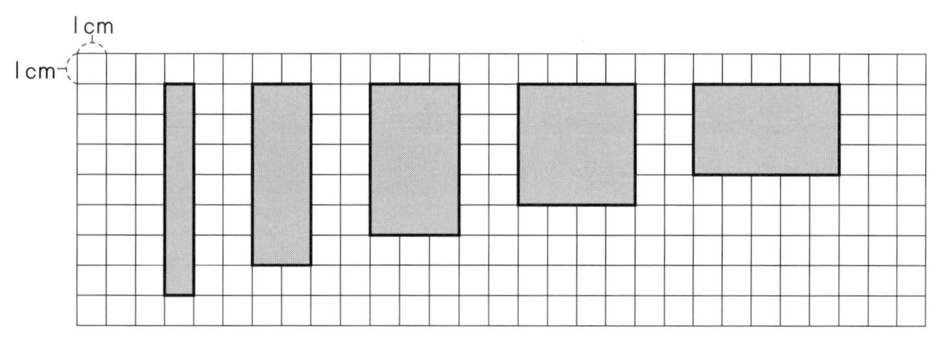

① 横の長さとたての長さを表に書きましょう。〔10点〕

横の長さ（□cm）	1	2	3	4	5	6	7
たての長さ（○cm）	7						

② 横の長さを□cm，たての長さを○cmとして，横の長さとたての長さのかん係を式に表しましょう。〔6点〕

答え

③ ②の式で，□にあう数が6のとき，○にあう数はいくつですか。〔8点〕

答え

67 かわり方調べ②

とく点　　点

答え➡別冊解答20ページ

1 1辺(へん)が1cmの正三角形を，下の図のように横につないでいきます。

① できた図形のまわりの長さを表に書きましょう。〔10点〕

正三角形の数（□こ）	1	2	3	4	5	6	…
まわりの長さ（○cm）	3	4					…

② 正三角形の数を□こ，できた図形のまわりの長さを○cmとして，まわりの長さをもとめる式を書きましょう。〔5点〕

答え □＋2＝○

③ ②の式で，□にあう数が8のとき，○にあう数はいくつですか。〔8点〕

答え

2 1辺(へん)が1cmの正方形を，下の図のように横につないでいきます。

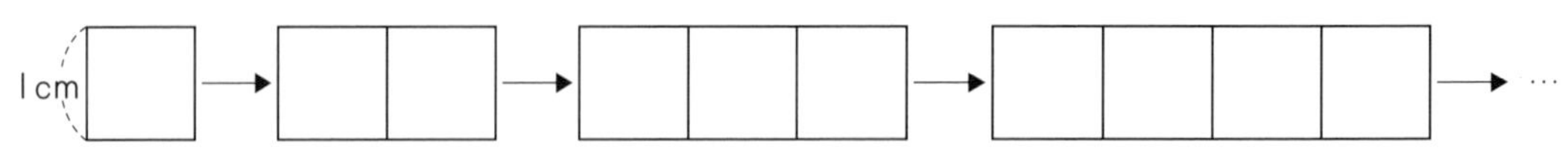

① できた図形のたてと横の長さの和を表に書きましょう。〔10点〕

正方形の数（□こ）	1	2	3	4	5	…
たてと横の長さの和（○cm）	2					…

② 正方形の数を□こ，できた図形のたてと横の長さの和を○cmとして，たてと横の長さの和をもとめる式を書きましょう。〔5点〕

答え □＋　＝○

③ ②の式で，□にあう数が7のとき，○にあう数はいくつですか。〔8点〕

答え

3 ゆうきさんとおじいさんは，たんじょう日が同じで，おじいさんが50才年上です。

① おじいさんの年れいを表に書きましょう。〔10点〕

ゆうきさんの年れい(□才)	1	2	3	4	5	6	…
おじいさんの年れい(○才)							…

② ゆうきさんの年れいを□才，おじいさんの年れいを○才として，おじいさんの年れいをもとめる式を書きましょう。〔5点〕

答え

③ ②の式で，□にあう数が20のとき，○にあう数はいくつですか。〔8点〕

答え

4 ひかりさんはえん筆を1ダース持っています。何本か買いたそうと思います。

① ひかりさんの全部のえん筆の本数を表に書きましょう。〔10点〕

買うえん筆の本数（□本）	1	2	3	4	5	…
全部のえん筆の本数(○本)						…

② 買うえん筆の本数を□本，ひかりさんの全部のえん筆の本数を○本として，全部のえん筆の本数をもとめる式を書きましょう。〔5点〕

答え

③ ②の式で，□にあう数が8のとき，○にあう数はいくつですか。〔8点〕

答え

④ ②の式で，○にあう数が18のとき，□にあう数はいくつですか。〔8点〕

答え

68 かわり方調べ③

とく点

点

答え➡ 別冊解答（べっさつかいとう） 20ページ

1 20円切手のまい数と代金について調べます。

① 切手のまい数にあう代金を表に書きましょう。〔8点〕

切手のまい数（□まい）	1	2	3	4	5	6	…
切手の代金（○円）	20	40					…

② 切手の代金は，何円に切手のまい数をかけてもとめますか。〔6点〕

答え

③ 切手のまい数を□まい，そのときの代金を○円として，代金をもとめる式を書きましょう。〔6点〕

答え　20×□＝○

④ ③の式で，□にあう数が8のとき，○にあう数はいくつですか。〔6点〕

答え

2 1本50円のえん筆の本数と代金について調べます。

① えん筆の本数にあう代金を表に書きましょう。〔8点〕

えん筆の本数（□本）	1	2	3	4	5	6	…
えん筆の代金（○円）	50						…

② えん筆の本数を□本，そのときの代金を○円として，代金をもとめる式を書きましょう。〔6点〕

答え

③ ②の式で，□にあう数が7のとき，○にあう数はいくつですか。〔6点〕

答え

3 1さつ150円のノートのさっ数と代金について調べます。

① ノートのさっ数にあう代金を表に書きましょう。〔8点〕

ノートのさっ数(□さつ)	1	2	3	4	5	6	…
ノートの代金(○円)							…

② ノートのさっ数を□さつ，そのときの代金を○円として，代金をもとめる式を書きましょう。〔6点〕

答え

③ ②の式で，□にあう数が8のとき，○にあう数はいくつですか。〔6点〕

答え

④ ②の式で，○にあう数が1500のとき，□にあう数はいくつですか。〔8点〕

答え

4 1m120円のリボンの長さと代金について調べます。

① リボンの長さにあう代金を表に書きましょう。〔8点〕

リボンの長さ（□m）	1	2	3	4	5	…
リボンの代金（○円）						…

② リボンの長さを□m，そのときの代金を○円として，代金をもとめる式を書きましょう。〔6点〕

答え

③ ②の式で，□にあう数が7のとき，○にあう数はいくつですか。〔6点〕

答え

④ ②の式で，○にあう数が960のとき，□にあう数はいくつですか。〔6点〕

答え

69 かわり方調べ④

とく点

点

答え➡別冊解答20ページ

1 1辺が1cmの正方形を，下の図のようにならべていきます。このときできるいちばん外がわの正方形の1辺の長さと，まわりの長さについて調べます。

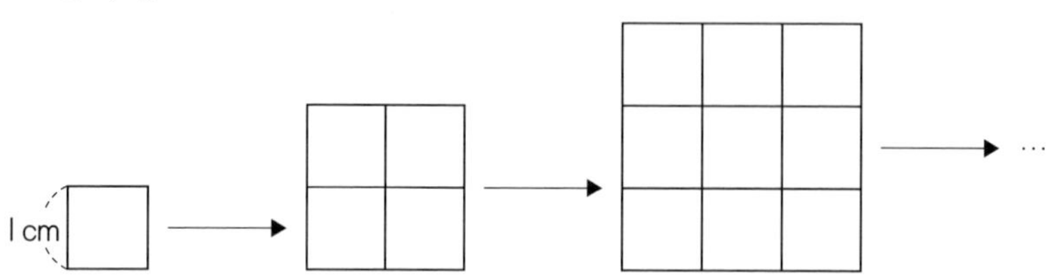

① 1辺の長さにあうまわりの長さを表に書きましょう。〔10点〕

1辺の長さ（□cm）	1	2	3	4	5	6	…
まわりの長さ（○cm）	4						…

② 1辺の長さを□cm，まわりの長さを○cmとして，まわりの長さをもとめる式を書きましょう。〔8点〕

答え

③ ②の式で，□にあう数が8のとき，○にあう数はいくつですか。〔8点〕

答え

④ ②の式で，□にあう数が25のとき，○にあう数はいくつですか。〔8点〕

答え

⑤ ②の式で，○にあう数が28のとき，□にあう数はいくつですか。〔8点〕

答え

⑥ ②の式で，○にあう数が120のとき，□にあう数はいくつですか。〔8点〕

答え

2 1辺が1cmの正三角形を，下の図のようにならべていきます。このときできるいちばん外がわの正三角形の1辺の長さと，まわりの長さについて調べます。

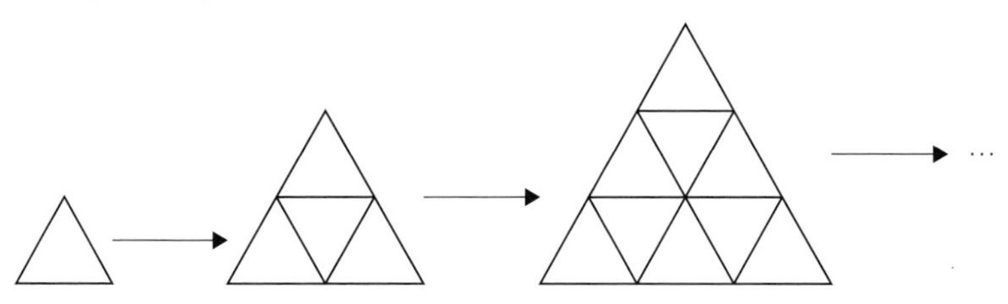

① 1辺の長さにあうまわりの長さを表に書きましょう。〔10点〕

1辺の長さ（□cm）	1	2	3	4	5	6	…
まわりの長さ（○cm）							…

② 1辺の長さを□cm，まわりの長さを○cmとして，まわりの長さをもとめる式を書きましょう。〔8点〕

答え

③ ②の式で，□にあう数が8のとき，○にあう数はいくつですか。

〔8点〕

答え

④ ②の式で，□にあう数が24のとき，○にあう数はいくつですか。

〔8点〕

答え

⑤ ②の式で，○にあう数が36のとき，□にあう数はいくつですか。

〔8点〕

答え

⑥ ②の式で，○にあう数が105のとき，□にあう数はいくつですか。

〔8点〕

答え

70 かわり方調べ⑤

とく点　　点

答え➡ 別冊解答 21ページ

1 下の図のようにひごをならべて正方形をつくっていきます。

① 正方形の数にあうひごの本数を表に書きましょう。〔8点〕

正方形の数（□こ）	1	2	3	4	5	6	7	…
ひごの本数（○本）								…

② 正方形の数を1ずつふやしていくと，ひごの数は何本ずつふえていきますか。〔8点〕

答え＿＿＿＿＿＿＿＿

③ 正方形の数とひごの本数とのかん係を式で考えます。□にあてはまる数を書きましょう。〔全部できて8点〕

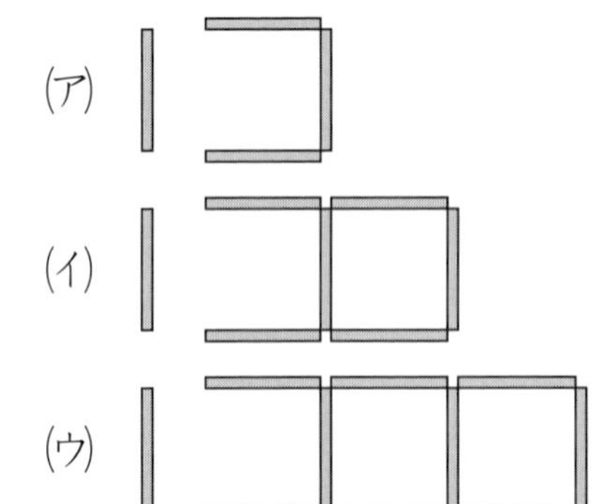

（正方形の数）　（ひごの数）

(ア)　3 × [1] + 1 = 4

(イ)　3 × [2] + 1 = [　]

(ウ)　3 × [　] + 1 = [　]

④ 正方形の数を□こ，ひごの本数を○本として，ひごの本数をもとめる式を書きましょう。〔8点〕

答え＿＿＿＿＿＿＿＿

⑤ ④の式で，□にあう数が10のとき，○にあう数はいくつですか。〔9点〕

答え＿＿＿＿＿＿＿＿

⑥ ④の式で，○にあう数が28のとき，□にあう数はいくつですか。〔9点〕

答え＿＿＿＿＿＿＿＿

2

下の図のようにたてが2 cm，横が1 cmの長方形の紙を横にならべていきます。

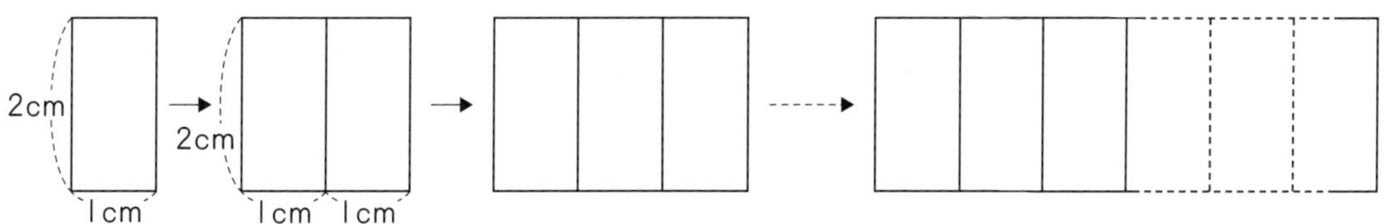

① 長方形の数にあうまわりの長さを表に書きましょう。〔8点〕

長方形の数（□こ）	1	2	3	4	5	6	…
まわりの長さ（○cm）							…

② 長方形の数を1ずつふやしていくと，まわりの長さは何cmずつふえますか。〔8点〕

答え

③ 長方形の数とまわりの長さとのかん係を式で考えます。□にあてはまる数を書きましょう。〔全部できて8点〕

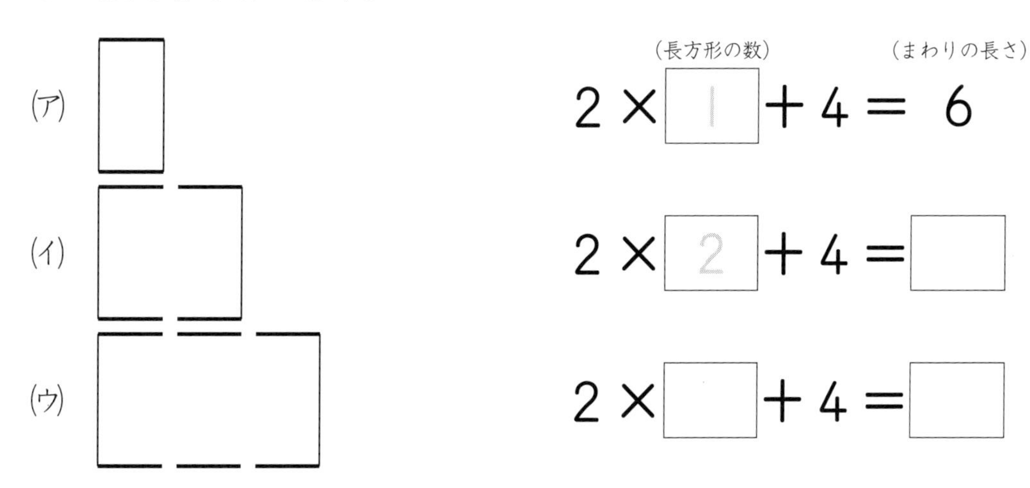

④ 長方形の数を□こ，まわりの長さを○cmとして，まわりの長さをもとめる式を書きましょう。〔8点〕

答え

⑤ ④の式で，□にあう数が8のとき，○にあう数はいくつですか。〔9点〕

答え

⑥ ④の式で，○にあう数が28のとき，□にあう数はいくつですか。〔9点〕

答え

71 かんたんな割合(わりあい)

とく点　　点

答え➡ 別冊解答(べっさつかいとう) 21ページ

1 10cmのA(エー)のゴムをのばすと，30cmまでのびました。同じように，20cmのB(ビー)のゴムをのばすと40cmまでのびました。〔1問10点〕

① A(エー)のゴムの，のばした後の長さは，のばす前の長さの何倍ですか。

式　30÷10=□

答え　□倍

② B(ビー)のゴムの，のばした後の長さは，のばす前の長さの何倍ですか。

式　40÷20＝

答え　倍

③ よくのびるのはどちらのゴムですか。

答え

2 よくのびるA(エー)の包帯(ほうたい)とB(ビー)の包帯(ほうたい)があります。10cmのA(エー)の包帯(ほうたい)をのばすと40cmまでのびました。同じように，15cmのB(ビー)の包帯(ほうたい)をのばすと45cmまでのびました。どちらの包帯(ほうたい)がよくのびるといえますか。それぞれの割合(わりあい)をもとめてくらべましょう。〔10点〕

式　（Aの包帯）40÷10＝

（Bの包帯）45÷15＝

答え

3 24cmのA(エー)のゴムをのばすと48cmまでのびました。同じように，12cmのB(ビー)のゴムをのばすと36cmまでのびました。どちらのゴムがよくのびるといえますか。それぞれの割合(わりあい)をもとめてくらべましょう。〔12点〕

式

答え

4　よくのびる白色の包帯と水色の包帯があります。24cmの白色の包帯をのばすと72cmまでのびました。同じように，16cmの水色の包帯をのばすと64cmまでのびました。どちらの包帯がよくのびるといえますか。それぞれの割合をもとめてくらべましょう。〔12点〕

式

答え

5　先月1こ80円だったトマトが，今月160円にね上がりしました。また，先月1本40円だったにんじんが，1本120円にね上がりしました。どちらのほうが大きくね上がりしたといえますか。それぞれの割合をもとめてくらべましょう。〔12点〕

式

答え

6　半年前に1こ90円だったキャベツが，今は270円にね上がりしています。また，半年前に1こ180円だったレタスが，今は360円にね上がりしています。どちらのほうが大きくね上がりしたといえますか。それぞれの割合をもとめてくらべましょう。〔12点〕

式

答え

7　あるお店では，1本80円だっただいこんが，1本240円にね上がりしました。また，1こ160円だったブロッコリーが，1こ320円にね上がりしました。どちらのほうが大きくね上がりしたといえますか。それぞれの割合をもとめてくらべましょう。〔12点〕

式

答え

72 いろいろな問題①

とく点

点

別冊解答（べっさつかいとう）21ページ

1 りんごとみかんがあわせて16こあります。みかんは，りんごより４こ多いそうです。〔１問10点〕

① りんごは何こありますか。

式 16－４＝12，12÷２＝□

答え □ こ

② みかんは何こありますか。

答え　　こ

2 赤い色紙と青い色紙があわせて18まいあります。青い色紙は，赤い色紙より４まい多いそうです。赤い色紙と青い色紙はそれぞれ何まいありますか。〔10点〕

答え

3 すずめとはとがあわせて28わえさを食べています。はとは，すずめより４わ多いそうです。すずめとはとはそれぞれ何わいますか。〔10点〕

答え

4 どんぐりをあんなさんは12こ，弟は10こ持っています。あんなさんが弟に何こあげると，2人のどんぐりの数が同じになりますか。〔12点〕

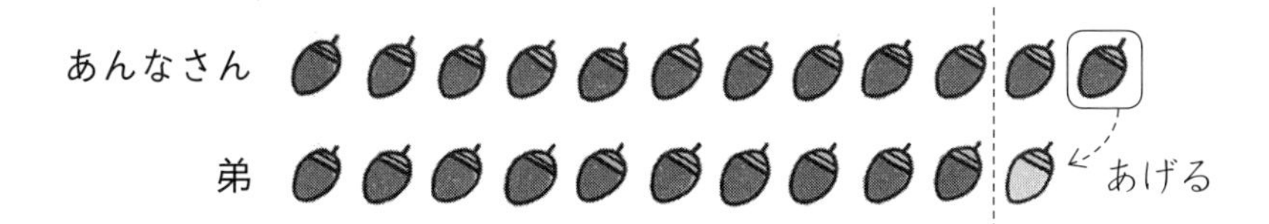

式 12－10＝2，2÷2＝□

答え □ こ

5 えん筆をたくみさんは15本，妹は11本持っています。たくみさんが妹に何本あげると，2人のえん筆の数が同じになりますか。〔12点〕

式 15－11＝

答え 本

6 色紙をさくらさんは20まい，妹は12まい持っています。さくらさんが妹に何まいあげると，2人の色紙の数が同じになりますか。〔12点〕

式

答え

7 せんべいをはるきさんは24まい，弟は12まい持っています。はるきさんが弟に何まいあげると，2人のせんべいの数が同じになりますか。〔12点〕

式

答え

8 だいちさんは100円，妹は50円持っています。だいちさんが妹に何円あげると，2人のお金が同じになりますか。〔12点〕

式

答え

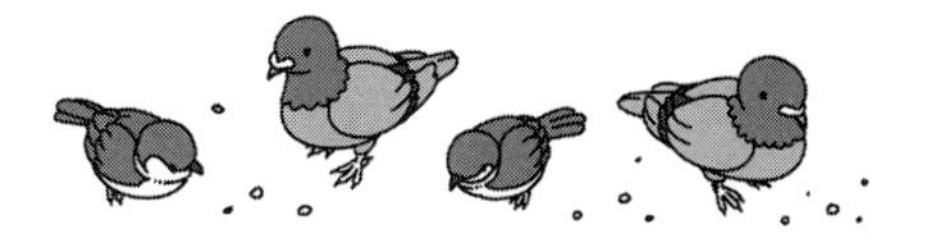

73 いろいろな問題②

とく点　　　点

答え➡別冊解答22ページ

1 えん筆を１本と20円の消しゴムを１こ買ったら，全部で70円でした。えん筆１本のねだんは何円ですか。〔10点〕

式

答え

2 同じねだんのえん筆を２本と20円の消しゴムを１こ買ったら，全部で120円でした。えん筆１本のねだんは何円ですか。〔10点〕

式　120－20＝100，100÷２＝□

答え　□円

3 同じねだんのえん筆を３本と30円の消しゴムを１こ買ったら，全部で210円でした。えん筆１本のねだんは何円ですか。〔10点〕

式　210－30＝

答え　円

4 同じねだんのえん筆を４本と20円の消しゴムを１こ買ったら，全部で300円でした。えん筆１本のねだんは何円ですか。〔10点〕

式

答え

5 同じねだんのえん筆を４本と130円のノートを１さつ買ったら，全部で370円でした。えん筆１本のねだんは何円ですか。〔10点〕

式

答え

6 同じねだんのかきを5こと140円のりんごを1こ買ったら，全部で440円でした。かき1このねだんは何円ですか。〔10点〕

式

答え

7 同じねだんのケーキを2こと60円のパンを1こ買ったら，全部で300円でした。ケーキ1このねだんは何円ですか。〔10点〕

式

答え

8 同じねだんのおかしを4こと250円のジュースを1本買ったら，全部で610円でした。おかし1このねだんは何円ですか。〔10点〕

式

答え

9 同じねだんのノートを3さつと70円のえん筆を1本買ったら，全部で460円でした。ノート1さつのねだんは何円ですか。〔10点〕

式

答え

10 同じねだんのりんごを6こと80円のかきを1こ買ったら，全部で920円でした。りんご1このねだんは何円ですか。(　)を使って1つの式に表し，答えをもとめましょう。〔10点〕

式

答え

74 いろいろな問題③

とく点
点

1 えいたさんたち兄弟３人は，みかんを同じ数ずつ分けました。そのあと，えいたさんは，お兄さんから１こもらったので，えいたさんのみかんの数は５こになりました。〔1問8点〕

① ３人で同じ数ずつ分けた１人分のみかんの数は何こですか。

式 ５－１＝□

答え □ こ

② はじめにみかんは何こありましたか。

式 ４×３＝

答え こ

2 かんなさんたち４人のグループでは，画用紙を同じ数ずつ分けました。そのあと，かんなさんは，グループの１人から２まいもらったので，かんなさんの画用紙の数は５まいになりました。〔1問8点〕

① ４人で同じ数ずつ分けた１人分の画用紙の数は何まいですか。

式 ５－２＝

答え まい

② はじめに画用紙は何まいありましたか。

式

答え

3 あさひさんたち兄弟３人は，りんごを同じ数ずつ分けました。そのあと，あさひさんは，お兄さんから２こもらったので，あさひさんのりんごの数は５こになりました。〔1問8点〕

① ３人で同じ数ずつ分けた１人分のりんごの数は何こですか。

答え

② はじめにりんごは何こありましたか。

式

答え

4　そうたさんたち兄弟3人は，くりを同じ数ずつ分けました。そのあと，そうたさんは，お兄さんから2こもらったので，そうたさんのくりの数は10こになりました。はじめにくりは何こありましたか。〔12点〕

式　10－2＝

答え　　　　こ

5　あかりさんたち4人のグループでは，色紙を同じ数ずつ分けました。そのあと，あかりさんは，グループの1人から3まいもらったので，あかりさんの色紙の数は12まいになりました。あかりさんのグループには，はじめに色紙が何まいありましたか。〔12点〕

式

答え

6　ひろとさんの家では，とってきたいちごを家族5人で同じ数ずつ分けました。そのあと，ひろとさんは，お母さんから4こもらったので，ひろとさんのいちごの数は16こになりました。とってきたいちごは，全部で何こありましたか。〔14点〕

式

答え

7　みつきさんたち6人は，おはじきを同じ数ずつ分けました。そのあと，みつきさんは，なかまの1人から3こもらったので，みつきさんのおはじきの数は18こになりました。はじめにおはじきは何こありましたか。(　)を使って1つの式に表し，答えをもとめましょう。〔14点〕

式

答え

75 いろいろな問題④

とく点　　点

答え➡ 別冊解答 22・23ページ

1 　赤いテープの長さは18mで，白いテープの長さの2倍です。白いテープの長さは，青いテープの長さの3倍です。青いテープの長さは何mですか。〔1問10点〕

① 白いテープの長さをもとめてから，青いテープの長さをもとめましょう。

式　18÷2＝9，9÷3＝□

答え　□ m

② 赤いテープの長さは，青いテープの長さの何倍になるかを(　)を使って1つの式に表し，答えをもとめましょう。

式　18÷(2×3)＝18÷□

＝□

答え　□ m

2 　赤い色紙の数は24まいで，青い色紙の数の4倍です。青い色紙の数は，黄色い色紙の数の2倍です。黄色い色紙は何まいありますか。〔1問10点〕

① 青い色紙の数をもとめてから，黄色い色紙の数をもとめましょう。

式　24÷4＝

答え　まい

② 赤い色紙の数は，黄色い色紙の数の何倍になるかを(　)を使って1つの式に表し，答えをもとめましょう。

式　24÷(4×2)＝

答え　まい

3　みゆさんの住んでいるマンションの高さは30mで，これはとなりにあるビルの高さの3倍です。また，このビルの高さは，電柱の高さの2倍です。電柱の高さは何mですか。(　)を使って1つの式に表し，答えをもとめましょう。〔15点〕

式

答え

4　赤いおはじきの数は36こで，黄色いおはじきの数の3倍です。黄色いおはじきの数は，青いおはじきの数の3倍です。青いおはじきの数は何こですか。(　)を使って1つの式に表し，答えをもとめましょう。〔15点〕

式

答え

5　だいちさんのお父さんの体重は60kgで，だいちさんの体重の2倍です。だいちさんの体重は，妹の体重の3倍です。妹の体重は何kgですか。(　)を使って1つの式に表し，答えをもとめましょう。〔15点〕

式

答え

6　かんなさんはシールを96まい持っています。これはゆうきさんの持っているシールの数の4倍です。また，ゆうきさんの持っているシールの数は，しおりさんの持っているシールの数の3倍だそうです。しおりさんはシールを何まい持っていますか。(　)を使って1つの式に表し，答えをもとめましょう。〔15点〕

式

答え

76 いろいろな問題⑤

とく点　　点

答え➡別冊解答23ページ

1 あさひさんは，消しゴムを１ことノートを１さつ買って160円はらいました。ゆうなさんは，同じ消しゴムを１ことノートを３さつ買って400円はらいました。〔１問10点〕

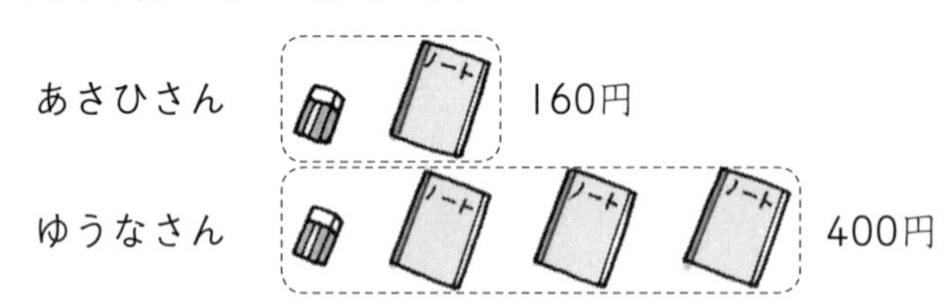

①　ノート１さつのねだんは何円ですか。

式　400－160＝240，240÷2＝□

答え　□円

②　消しゴム１このねだんは何円ですか。

式　160－120＝

答え　　円

2 あやとさんは，消しゴム１ことえん筆１本を買って120円はらいました。ひろとさんは，同じ消しゴム１ことえん筆４本を買って330円はらいました。〔１問10点〕

①　えん筆１本のねだんは何円ですか。

式　330－120＝

答え　　円

②　消しゴム１このねだんは何円ですか。

答え

3　りんご１ことみかん１こを買うと，代金は100円だそうです。同じりんご１ことみかん３こを買うと，代金は160円だそうです。りんご１ことみかん１このねだんは，それぞれ何円ですか。〔15点〕

式

答え ＿＿＿＿＿＿＿＿

4　なしを６こ買ってかごに入れてもらうと，かご代とあわせて580円だそうです。同じなしを10こ買って同じかごに入れてもらうと，900円だそうです。なし１ことかごのねだんは，それぞれ何円ですか。〔15点〕

式

答え ＿＿＿＿＿＿＿＿

5　すいか１こともも１こを買うと，代金は790円になるそうです。同じすいか１こともも３こを買うと，代金は970円になるそうです。すいか１こともも１このねだんは，それぞれ何円ですか。〔15点〕

式

答え ＿＿＿＿＿＿＿＿

6　ノート２さつとえん筆５本の代金は610円だそうです。同じノート２さつとえん筆８本の代金は820円だそうです。ノート１さつとえん筆１本のねだんは，それぞれ何円ですか。〔15点〕

式

答え ＿＿＿＿＿＿＿＿

77 4年のまとめ①

とく点

点

答え➡ 別冊解答(べっさつかいとう) 23ページ

1 1本75円のボールペンがあります。525円では，このボールペンを何本買うことができますか。〔8点〕

式

答え

2 走りはばとびをしました。とうまさんは2.78m，えいたさんは3.26mとびました。どちらが何m長くとびましたか。〔8点〕

式

答え

3 めいさんは，1さつ125円のノート5さつと，45円の消しゴムを1つ買いました。全部で代金は何円になりますか。〔8点〕

式

答え

4 あめが28こあります。これをみつきさんと妹の2人で分けます。

① みつきさんのあめの数を□こ，妹のあめの数を○ことして，□と○の関係を式に書きましょう。〔8点〕

答え

② ①の式で，○にあう数が16のとき，□にあう数はいくつですか。〔8点〕

答え

5 あるパン工場では，きのうは2874こ，きょうは4189このパンをつくりました。あわせると，およそ何千こになりますか。こ数をがい数にしてからもとめましょう。〔8点〕

式

答え

6 1本が2.35mのテープが24本あります。テープの長さは全部で何mになりますか。〔8点〕

式

答え

7 ももかさんの家では，きのうは$1\frac{3}{7}$L，きょうは$2\frac{5}{7}$Lの牛にゅうを使いました。2日間で使った牛にゅうの合計は何Lですか。〔8点〕

式

答え

8 あめが315こあります。これを36こずつ箱につめます。何箱できて何このあめがあまりますか。〔8点〕

式

答え

9 75mのひもから14mのひもを4本切り取って使いました。ひもは何mのこっていますか。1つの式に表し，答えをもとめましょう。〔8点〕

式

答え

10 油が4.92Lあります。これを12人で同じりょうずつ分けると，1人分は何Lになりますか。〔10点〕

式

答え

11 色紙を1人に15まいずつ33人に配ろうとしましたが，24まい足りませんでした。色紙は全部で何まいありましたか。1つの式に表し，答えをもとめましょう。〔10点〕

式

答え

78 4年のまとめ②

とく点　　点

答え➡別冊解答23・24ページ

1　1こ430gのかんづめが16こあります。これを250gの箱に入れてもらうと，全体の重さは何gになりますか。1つの式に表し，答えをもとめましょう。〔8点〕

式

答え

2　リボンが6.45mあります。このリボンを同じ長さずつ15人で分けると，1人分は何mになりますか。〔8点〕

式

答え

3　1本45円のえん筆の本数と代金について調べます。〔1問8点〕

① えん筆の本数を□本，そのときの代金を○円として，代金をもとめる式を書きましょう。

答え

② □にあう数が5のとき，○にあう数はいくつですか。

答え

③ ○にあう数が360のとき，□にあう数はいくつですか。

答え

4　半年前に1本45円だったにんじんが，今は135円にね上がりしています。また，半年前に1こ90円だったさつまいもが，今は180円にね上がりしています。どちらのほうが大きくね上がりしたといえますか。それぞれの割合(わりあい)をもとめてくらべましょう。〔8点〕

式

答え

5　4年生335人が，バスで遠足に行きます。1台のバスには45人乗れます。バスは何台いりますか。〔8点〕

式

答え

6　1しゅうが480mの池のまわりを，これまでに28しゅう走りました。全部でおよそ何m走りましたか。かけられる数とかける数を上から1けたのがい数にして，積（せき）を見つもりましょう。〔8点〕

式

答え

7　油がかんに$3\frac{3}{7}$L，びんに$1\frac{5}{7}$L入っています。ちがいは何Lですか。〔8点〕

式

答え

8　24.6Lのジュースがあります。これを14人で同じりょうずつ分けると，1人分は約何Lになりますか。答えは四捨五入（ししゃごにゅう）して，$\frac{1}{10}$の位（くらい）までのがい数でもとめましょう。〔8点〕

式

答え

9　50円のクッキーと80円のクッキーをそれぞれ17まいずつ買いました。代金は何円になりますか。（　）を使って1つの式に表し，答えをもとめましょう。〔10点〕

式

答え

10　えん筆とボールペンがあわせて28本あります。えん筆が，ボールペンより12本多いそうです。えん筆とボールペンは，それぞれ何本ずつありますか。〔10点〕

式

答え

くもんの算数集中学習　小学４年生 文章題にぐーんと強くなる

2020年２月　第１版第１刷発行
2024年10月　第１版第10刷発行

●印刷・製本　TOPPAN株式会社
●カバーデザイン　辻中浩一+小池万友美（ウフ）
●カバーイラスト　亀山鶴子
●本文イラスト　ヤマネアヤ

●発行人　泉田義則
●発行所　株式会社くもん出版
〒141-8488 東京都品川区東五反田2-10-2 東五反田スクエア11F
電話　編集　03(6836)0317
営業　03(6836)0305
代表　03(6836)0301

ISBN 978-4-7743-2972-7

ＣＤ 57294

くもん出版ホームページアドレス　https://www.kumonshuppan.com/

※本書は『文章題集中学習 小学４年生』を改題し、新しい内容を加えて編集しました。

答え

4年生

○答えあわせは，１つずつていねいに見ていきましょう。
○まちがえた問題は，やり直してできるようにしましょう。

1 わり算①

P.4・5

1 式　56÷7＝8
答え　8まい
2 式　40÷8＝5
答え　5 cm
3 式　48÷6＝8
答え　8人
4 式　1 L 5 dL＝15dL
15÷3＝5
答え　5本
5 式　60÷3＝20
答え　20こ
6 式　25÷4＝6あまり1
答え　1人分は6こで，1こあまる。
7 式　65÷9＝7あまり2
答え　1人分は7さつで，2さつあまる。
8 式　23÷5＝4あまり3
答え　4人に分けられて，3本あまる。
9 式　50÷8＝6あまり2
答え　6箱できて，2こあまる。
10 式　28÷5＝5あまり3
答え　5ふくろ
11 式　50÷6＝8あまり2
答え　8まい

2 わり算②

P.6・7

1 式　27÷9＝3
答え　3 kg
2 式　56÷7＝8
答え　8たば
3 式　80÷4＝20
答え　20まい
4 式　40÷2＝20
答え　20ぷくろ
5 式　48÷7＝6あまり6
答え　6人に分けることができて，6こあまる。
6 式　30÷4＝7あまり2
7＋1＝8（※あまりの考え方に注意しよう。）
答え　8回
7 式　47÷5＝9あまり2
答え　9さつ
8 式　32÷4＝8
答え　8倍
9 式　96÷3＝32
答え　32こ
10 式　36÷3＝12
答え　12こ
11 式　84÷4＝21
答え　21まい

●ポイント　1けたでわるわり算の文章題のまとめです。

3 わり算③

P.8・9

1 式　240÷40＝6
答え　6本
2 式　150÷30＝5
答え　5たば
3 式　350÷50＝7
答え　7本
4 式　160÷20＝8
答え　8本
5 式　240÷30＝8
答え　8こ
6 式　140÷20＝7
答え　7箱
7 式　350÷50＝7
答え　7こ
8 式　480÷60＝8
答え　8箱

9 式　420÷70＝6
答え　6こ
10 式　450÷90＝5
答え　5さつ
11 式　640÷80＝8
答え　8たば
12 式　2m80cm＝280cm
280÷40＝7
答え　7本

●ポイント　(何百何十)÷(何十)のわり算を使う文章題です。10の集まりを考えて計算します。

4 わり算④

P.10・11

1 式　200÷30＝6あまり20
答え　6こ買えて，20円あまる。
2 式　130÷20＝6あまり10
答え　1人分は6こで，10こあまる。
3 式　300÷40＝7あまり20
答え　7本買えて，20円あまる。
4 式　150÷20＝7あまり10
答え　7本とれて，10cmあまる。
5 式　250÷40＝6あまり10
答え　6たばできて，10まいあまる。
6 式　230÷50＝4あまり30
答え　1人分は4こで，30こあまる。
7 式　500÷70＝7あまり10
答え　7こ買えて，10円あまる。
8 式　450÷60＝7あまり30
答え　7箱できて，30こあまる。
9 式　350÷80＝4あまり30
答え　1人分は4まいで，30まいあまる。
10 式　2m＝200cm
200÷30＝6あまり20
答え　6本できて，20cmあまる。

●ポイント　(何百)÷(何十)，(何百何十)÷(何十)であまりのあるわり算の文章題です。答えのあまりが，(何十)になることに注意しましょう。

5 わり算⑤

P.12・13

1 式　42÷14＝3
答え　3まい
2 式　48÷12＝4
答え　4こ
3 式　63÷21＝3
答え　3まい
4 式　76÷38＝2
答え　2こ
5 式　96÷24＝4
答え　4こ
6 式　84÷12＝7
答え　7こ
7 式　78÷13＝6
答え　6こ
8 式　64÷16＝4
答え　4たば
9 式　75÷25＝3
答え　3本
10 式　72÷18＝4
答え　4まい
11 式　92÷23＝4
答え　4台分

●ポイント　(2けた)÷(2けた)のわり算を使う文章題です。計算は筆算でしましょう。

6 わり算⑥

P.14・15

1 式　75÷18＝4あまり3
答え　1人分は4こで，3こあまる。
2 式　76÷24＝3あまり4
答え　1人分は3まいで，4まいあまる。
3 式　86÷21＝4あまり2
答え　1人分は4まいで，2まいあまる。
4 式　80÷25＝3あまり5
答え　1人分は3まいで，5まいあまる。
5 式　95÷45＝2あまり5
答え　1人分は2本で，5本あまる。
6 式　65÷12＝5あまり5
答え　5箱できて，5こあまる。
7 式　84÷16＝5あまり4
答え　5ふくろできて，4まいあまる。
8 式　98÷24＝4あまり2
答え　4箱できて，2本あまる。
9 式　95÷15＝6あまり5
答え　6箱できて，5こあまる。
10 式　58÷13＝4あまり6
答え　4本できて，6cmあまる。

●ポイント　(2けた)÷(2けた)で，あまりのあるわり算の文章題です。計算ミスをしないように気をつけましょう。

7 わり算⑦

P.16・17

1 式　112÷16＝7
答え　7こ
2 式　144÷24＝6
答え　6こ
3 式　108÷18＝6
答え　6まい
4 式　140÷28＝5
答え　5こ

5 式　2m25cm＝225cm
225÷25＝9
答え　9cm
6 式　126÷18＝7
答え　7箱
7 式　156÷26＝6
答え　6人
8 式　192÷24＝8
答え　8箱
9 式　224÷32＝7
答え　7台分
10 式　245÷35＝7
答え　7人
11 式　2m52cm＝252cm
252÷42＝6
答え　6本

8 わり算⑧　P.18・19

1 式　115÷14＝8あまり3
答え　1人分は8本で，3本あまる。
2 式　145÷23＝6あまり7
答え　1人分は6まいで，7まいあまる。
3 式　110÷26＝4あまり6
答え　1人分は4さつで，6さつあまる。
4 式　100÷13＝7あまり9
答え　1ふくろに7こずつ入れて，9こあまる。
5 式　260÷36＝7あまり8
答え　1人分は7まいで，8まいあまる。
6 式　165÷18＝9あまり3
答え　9人に配れて，3こあまる。
7 式　200÷24＝8あまり8
答え　8箱できて，8こあまる。
8 式　260÷35＝7あまり15
答え　7箱できて，15こあまる。
9 式　3m70cm＝370cm
370÷45＝8あまり10
答え　8本できて，10cmあまる。
10 式　14L6dL＝146dL
1L8dL＝18dL
146÷18＝8あまり2
答え　8本できて，2dLあまる。

●ポイント　(3けた)÷(2けた)で，あまりのあるわり算(ざん)の文章題(ぶんしょうだい)です。あまりはわる数(かず)より小(ちい)さくなることに気(き)をつけましょう。

9 わり算⑨　P.20・21

1 式　294÷21＝14
答え　14さつ
2 式　156÷13＝12
答え　12まい
3 式　198÷18＝11
答え　11こ
4 式　336÷28＝12
答え　12まい
5 式　560÷35＝16
答え　16こ
6 式　144÷12＝12
答え　12箱
7 式　384÷24＝16
答え　16箱
8 式　368÷16＝23
答え　23人
9 式　504÷21＝24
答え　24人
10 式　594÷27＝22
答え　22箱
11 式　6m＝600cm
600÷15＝40
答え　40本

●ポイント　(3けた)÷(2けた)＝(2けた)のわり算(ざん)の文章題(ぶんしょうだい)です。計算(けいさん)ミスのないように気(き)をつけましょう。

10 わり算⑩　P.22・23

1 式　184÷12＝15あまり4
答え　1人分は15本で，4本あまる。
2 式　255÷18＝14あまり3
答え　1人分は14まいで，3まいあまる。
3 式　306÷15＝20あまり6
答え　1人分は20こで，6こあまる。
4 式　380÷16＝23あまり12
答え　1ふくろに23こずつ入れて，12こあまる。
5 式　350÷23＝15あまり5
答え　15人に分けられて，5こあまる。
6 式　200÷12＝16あまり8
答え　16箱できて，8本あまる。
7 式　375÷14＝26あまり11
答え　26たばできて，11本あまる。
8 式　555÷25＝22あまり5
答え　22箱できて，5本あまる。
9 式　6m40cm＝640cm
640÷35＝18あまり10
答え　18本できて，10cmあまる。

●ポイント　(3けた)÷(2けた)で，商(しょう)が2けたになり，あまりのあるわり算(ざん)の問題(もんだい)です。答(こた)えの確(たし)かめをしましょう。

11 わり算⑪ P.24・25

1 式 95÷16＝5あまり15
5＋1＝6
答え 6回
2 式 45÷12＝3あまり9
3＋1＝4
答え 4回
3 式 80÷14＝5あまり10
5＋1＝6
答え 6箱
4 式 87÷18＝4あまり15
4＋1＝5
答え 5つ
5 式 70÷16＝4あまり6
4＋1＝5
答え 5まい
6 式 128÷15＝8あまり8
8＋1＝9
答え 9箱
7 式 295÷30＝9あまり25
9＋1＝10
答え 10箱
8 式 208÷24＝8あまり16
8＋1＝9
答え 9日間
9 式 171÷14＝12あまり3
12＋1＝13
答え 13回
10 式 500÷21＝23あまり17
23＋1＝24
答え 24回
11 式 23L＝230dL
1L8dL＝18dL
230÷18＝12あまり14
12＋1＝13
答え 13本

●ポイント 2けたでわるわり算で，商に1をたして答えとする問題です。計算ミスに注意しましょう。

12 わり算⑫ P.26・27

1 式 65÷15＝4あまり5
答え 4箱
2 式 85÷12＝7あまり1
答え 7たば
3 式 95÷16＝5あまり15
答え 5本
4 式 95÷14＝6あまり11
答え 6箱
5 式 90÷13＝6あまり12
答え 6たば
6 式 200÷24＝8あまり8
答え 8箱
7 式 3m20cm＝320cm
320÷52＝6あまり8
答え 6本
8 式 700÷85＝8あまり20
答え 8箱
9 式 175÷14＝12あまり7
答え 12たば
10 式 266÷24＝11あまり2
答え 11箱
11 式 578÷28＝20あまり18
答え 20まい

●ポイント 2けたでわるわり算で，商をそのまま答えとする問題です。答えの確かめをしましょう。

13 わり算⑬ P.28・29

1 式 35000÷1400＝25
答え 25回
2 式 96000÷8000＝12
答え 12か月
3 式 45000÷1500＝30
答え 30たば
4 式 67m20cm＝6720cm
6720÷21＝320
答え 320本
5 式 5336÷58＝92
答え 92回
6 式 9240÷11＝840
答え 840円
7 式 860÷215＝4
答え 4人
8 式 920÷184＝5
答え 5わ
9 式 972÷230＝4あまり52
答え 4つかこめて，52mあまる。
10 式 865÷135＝6あまり55
答え 6はいできて，55mLあまる。

14 わり算⑭ P.30・31

1 式 480÷60＝8
答え 8本
2 式 350÷40＝8あまり30
答え 1人分は8こで，30こあまる。
3 式 96÷16＝6
答え 6箱
4 式 64÷15＝4あまり4
答え 1人分は4まいで，4まいあまる。

5 式　276÷23＝12
答え　12本
6 式　104÷26＝4
答え　4こ
7 式　1m92cm＝192cm
192÷24＝8
答え　8本
8 式　288÷18＝16
答え　16箱
9 式　160÷25＝6あまり10
答え　1人分は6まいで，10まいあまる。
10 式　21000÷300＝70
答え　70回
11 式　654÷32＝20あまり14
答え　20箱できて，14こあまる。
12 式　2070÷23＝90
答え　90まい

15 わり算⑮

P.32・33

1 式　12÷4＝3
答え　3倍
2 式　20÷5＝4
答え　4倍
3 式　48÷8＝6
答え　6倍
4 式　63÷9＝7
答え　7倍
5 式　56÷7＝8
答え　8倍
6 式　72÷6＝12
答え　12倍
7 式　80÷5＝16
答え　16倍
8 式　120÷8＝15
答え　15倍
9 式　42÷14＝3
答え　3倍
10 式　64÷16＝4
答え　4倍
11 式　140÷28＝5
答え　5倍

●ポイント　何倍かを求めるときは，わり算を使います。どちらの方をもとにして比べているかを考えて，正しい式を作りましょう。

16 わり算⑯

P.34・35

1 式　15÷3＝5
答え　5こ
2 式　16÷2＝8
答え　8m
3 式　24÷4＝6
答え　6こ
4 式　42÷6＝7
答え　7こ
5 式　45÷5＝9
答え　9cm
6 式　48÷3＝16
答え　16本
7 式　54÷2＝27
答え　27kg
8 式　72÷3＝24
答え　24kg
9 式　920÷4＝230
答え　230円
10 式　315÷9＝35
答え　35円
11 式　8m68cm＝868cm
868÷7＝124
124cm＝1m24cm
答え　1m24cm

●ポイント　もとにする数を，わり算を使って求める文章題です。わり算の式を正しく作りましょう。

17 わり算⑰

P.36・37

1 式　600÷4＝150
答え　150円
2 式　756÷63＝12
答え　12こ
3 式　168÷24＝7
答え　7人
4 式　8m58cm＝858cm
858÷35＝24あまり18
答え　24本できて，18cmあまる。
5 式　62L7dL＝627dL
627÷19＝33
33dL＝3L3dL
答え　3L3dL
6 式　256÷12＝21あまり4
答え　21ダースと4本
7 式　310÷15＝20あまり10
答え　1人分は20こで，10こあまる。
8 式　448÷56＝8　　答え　8倍
9 式　210÷12＝17あまり6
答え　17箱できて，6こあまる。
10 式　82÷26＝3あまり4
答え　1人分は3まいで，4まいあまる。
11 式　298÷24＝12あまり10
12＋1＝13
答え　13回

●ポイント　１けた，２けたでわるわり算の文章題のまとめです。正しく式が書けているか，計算ミスはないか注意しましょう。

18 １つの式でとく問題①　P.38・39

1 式　80＋40×５＝80＋200＝280
答え　280円
2 式　120＋50×３＝120＋150
＝270
答え　270円
3 式　130＋60×４＝130＋240
＝370
答え　370円
4 式　300＋150×４
＝300＋600
＝900
答え　900ｇ
5 式　100－30×２＝100－60
＝40
答え　40円
6 式　500－60×４
＝500－240
＝260
答え　260円
7 式　1000－250×３
＝1000－750
＝250
答え　250円
8 式　20－４×３
＝20－12
＝８
答え　８こ
9 式　100－２×38
＝100－76
＝24
答え　24まい

●ポイント　たし算・ひき算とかけ算を１つの式に表して解く文章題です。式を書いたら，たし算やひき算よりかけ算を先に計算します。

19 １つの式でとく問題②　P.40・41

1 式　120＋600÷２＝120＋300
＝420
答え　420円
2 式　650＋300÷２＝650＋150
＝800
答え　800円
3 式　450＋500÷２＝450＋250
＝700
答え　700円
4 式　45＋60÷３＝45＋20
＝65
答え　65こ
5 式　300－500÷２＝300－250
＝50
答え　50円
6 式　500－460÷２＝500－230
＝270
答え　270円
7 式　800－960÷２
＝800－480
＝320
答え　320円
8 式　40－56÷２＝40－28
＝12
答え　12まい
9 式　450－630÷３＝450－210
＝240
答え　240円

20 １つの式でとく問題③　P.42・43

1 式　50×２＋80×３＝100＋240
＝340
答え　340円
2 式　40×５＋120×２
＝200＋240
＝440
答え　440円
3 式　６×８＋５×12
＝48＋60
＝108
答え　108人
4 式　200×２＋500×３
＝400＋1500
＝1900
答え　1900mL
5 式　80×５－60×６＝400－360
＝40
答え　40円
6 式　50×４－60×２
＝200－120
＝80
答え　80円
7 式　120×３－80×４
＝360－320
＝40
答え　40円
8 式　70×３－35×４
＝210－140

=70
答え　70円

9 式　500×2－200×4
=1000－800
=200
答え　200mL

21 1つの式でとく問題④　P.44・45

1 式　40×2＋600÷2＝80＋300
＝380
答え　380円

2 式　80×3＋500÷2＝240＋250
＝490
答え　490円

3 式　150×4＋160÷2
＝600＋80
＝680
答え　680円

4 式　8×3＋12÷2＝24＋6
＝30
答え　30まい

5 式　60×6－600÷2＝360－300
＝60
答え　60円

6 式　150×3－800÷2
＝450－400
＝50
答え　50m

7 式　180×2－500÷2
＝360－250
＝110
答え　110mL

8 式　200×4－700÷2
＝800－350
＝450
答え　450円

9 式　250×3－900÷2
＝750－450
＝300
答え　300m

22 1つの式でとく問題⑤　P.46・47

1 式　30×3×5＝90×5
＝450
答え　450円

2 式　80×5×4＝400×4
＝1600
答え　1600円

3 式　4×3×5＝12×5
＝60
答え　60こ

4 式　6×3×12＝18×12
＝216
答え　216こ

5 式　8×4×5＝32×5
＝160
160cm＝1m60cm
答え　1m60cm

6 式　40÷5÷4＝8÷4
＝2
答え　2たば

7 式　56÷4÷2＝14÷2
＝7
答え　7こ

8 式　70÷5÷2＝14÷2
＝7
答え　7こ

9 式　96÷4÷6＝24÷6
＝4
答え　4ふくろ

10 式　120÷8÷5＝15÷5
＝3
答え　3たば

23 1つの式でとく問題⑥　P.48・49

1 式　5×8÷20＝40÷20
＝2
答え　2本

2 式　4×9÷6＝6
答え　6こ

3 式　10×3÷5＝6
答え　6日間

4 式　12×6÷8＝9
答え　9こ

5 式　500×3÷6＝250
答え　250mL

6 式　35÷7×2＝5×2
＝10
答え　10本

7 式　63÷9×2＝14
答え　14本

8 式　48÷8×3＝18
答え　18まい

9 式　80÷5×2＝32
答え　32cm

10 式　90÷15×2＝12
答え　12こ

24 1つの式でとく問題⑦ P.50・51

1 式　50−3×16＝2
答え　2まい
2 式　120＋60×3＝300
答え　300円
3 式　400−750÷3＝150
答え　150円
4 式　250＋400÷2＝450
答え　450円
5 式　50×10−80×6＝20
答え　20円
6 式　140×2＋480÷2＝520
答え　520円
7 式　5×3×4＝60
答え　60こ
8 式　60÷5÷4＝3
答え　3ふくろ
9 式　40÷8×2＝10
答え　10本
10 式　12×4÷6＝8
答え　8こ

●ポイント　18回～23回のまとめです。答えを求めたら，正しい順に計算しているか確かめましょう。

25 1つの式でとく問題⑧ P.52・53

1 ①式　24−6−4＝14
答え　14こ
②式　24−(6＋4)＝24−10
＝14
答え　14こ
2 ①式　30−13−7＝10
答え　10人
②式　30−(13＋7)＝30−20
＝10
答え　10人
3 式　28−(7＋3)＝28−10
＝18
答え　18まい
4 式　35−(8＋7)＝35−15
＝20
答え　20人
5 式　500−(140＋80)＝500−220
＝280
答え　280円
6 式　500−(120＋160)
＝500−280
＝220
答え　220円
7 式　320−(90＋60)＝320−150
＝170
答え　170ページ

●ポイント　順にひいても，まとめてひいても，同じ答えになります。(　)を使って1つの式に表せるようになりましょう。○−(△＋□)の式になります。計算は，(　)の中を先にします。

26 1つの式でとく問題⑨ P.54・55

1 ①式　40−27＋2＝15
答え　15まい
②式　40−(27−2)＝40−25
＝15
答え　15まい
2 ①式　45−30＋5＝20
答え　20本
②式　45−(30−5)＝45−25
＝20
答え　20本
3 式　50−(34−4)＝20
答え　20まい
4 式　40−(36−1)＝5
答え　5まい
5 式　45−(37−2)＝10
答え　10こ
6 式　200−(160−10)＝50
答え　50円
7 式　500−(150−10)
＝500−140
＝360
答え　360円
8 式　1000−(750−30)＝280
答え　280円

●ポイント　(　)を使って○−(△−□)の1つの式に表して解く文章題です。問題文をよく読んで，正しい式を作りましょう。

27 1つの式でとく問題⑩ P.56・57

1 ①式　20×3＝60，20×2＝40
60＋40＝100
答え　100円
②式　20×(3＋2)＝20×5
＝100
答え　100円
2 ①式　30×4＝120，30×2＝60
120＋60＝180
答え　180円
②式　30×(4＋2)＝30×6
＝180
答え　180円

3 式　$85\times(4+2)=510$
答え　510円
4 式　$40\times(5+3)=320$
答え　320円
5 式　$5\times(8+12)=100$
答え　100こ
6 式　$10\times(6+9)=150$
答え　150まい
7 式　$18\times(14+16)=540$
答え　540こ

●ポイント　かけられる数が同じ２つのかけ算の和は，(　)を使って１つの式に表すことができることを理解しましょう。○×(△+□)の式になります。計算は，(　)の中を先にします。

28 1つの式でとく問題⑪

P.58・59

1 ①式　$70\times4=280$
$30\times4=120$
$280+120=400$
答え　400円
②式　$(70+30)\times4=100\times4$
$=400$
答え　400円
2 ①式　$70\times6=420$
$80\times6=480$
$420+480=900$
答え　900円
②式　$(70+80)\times6=150\times6$
$=900$
答え　900円
3 式　$(50+80)\times5=650$
答え　650円
4 式　$(12+8)\times6=120$
答え　120本
5 式　$(500+200)\times4=2800$
答え　2800mL
6 式　$(120+80)\times4=800$
答え　800円
7 式　$(150+100)\times2=500$
答え　500円

●ポイント　かける数が同じ２つのかけ算の和は，(　)を使って１つの式に表すことができることを理解しましょう。(○+△)×□の式になります。

29 1つの式でとく問題⑫

P.60・61

1 ①式　$40\times5=200$
$40\times3=120$
$200-120=80$
答え　80円
②式　$40\times(5-3)=40\times2$
$=80$
答え　80円
2 式　$15\times(37-3)=510$
答え　510まい
3 式　$300\times(32-28)=1200$
答え　1200円
4 ①式　$65\times4=260,\ 5\times4=20$
$260-20=240$
答え　240円
②式　$(65-5)\times4=60\times4$
$=240$
答え　240円
5 式　$(140-10)\times5=650$
答え　650円
6 式　$(800-50)\times6=4500$
答え　4500円
7 式　$(40-25)\times6=90$
答え　90こ

●ポイント　かける数が同じ２つのかけ算の差を，(　)を使って１つの式に表して解く問題です。問題文をよく読んで式を作りましょう。

30 1つの式でとく問題⑬

P.62・63

1 ①答え　２組
②答え　３組
③答え　４組
④答え　７組
2 式　$480\div(30+50)=480\div80$
$=6$
答え　6組
3 式　$720\div(60+30)=720\div90$
$=8$
答え　8組
4 式　$840\div(30+40)=12$
答え　12組
5 式　$72\div(8+4)=6$
答え　６こ
6 式　$120\div(7+8)=8$
答え　８本
7 式　$260\div(15+50)=4$
答え　４組
8 式　$63\div(5+4)=7$
答え　７まい

●ポイント　わる数を(　)を使って表して，わり算で求める問題です。○÷(△+□)の式になります。(　)の中を先に計算します。

31 1つの式でとく問題⑭ P.64・65

1 式　(7＋5)÷4＝12÷4
　　　　＝3
答え　3まい

2 式　(7＋8)÷3＝15÷3
　　　　＝5
答え　5こ

3 式　(25＋20)÷5＝9
答え　9まい

4 式　(26＋14)÷8＝5
答え　5こ

5 式　(48＋36)÷7＝12
答え　12こ

6 式　(35＋25)÷12＝5
答え　5まい

7 式　(400＋200)÷5＝120
答え　120mL

8 式　(220＋230)÷3＝150
答え　150円

9 式　(450＋510)÷6＝160
答え　160円

●ポイント　わられる数を(　)を使って(○＋△)÷□の式に表して，わり算で求める問題です。正しい式が作れているか確かめましょう。

32 1つの式でとく問題⑮ P.66・67

1 式　200÷(45－5)＝200÷40
　　　　＝5
答え　5こ

2 式　510÷(100－15)＝6
答え　6さつ

3 式　600÷(100－25)＝8
答え　8かん

4 式　560÷(75－5)＝8
答え　8本

5 式　(20－2)÷3＝18÷3
　　　　＝6
答え　6こ

6 式　(45－7)÷2＝19
答え　19こ

7 式　(1000－550)÷3＝150
答え　150mL

8 式　(1000－640)÷2＝180
答え　180円

9 式　(45－3)÷6＝7
答え　7まい

33 1つの式でとく問題⑯ P.68・69

1 式　560÷(60＋20)＝7
答え　7組

2 式　(60＋25)×4＝340
答え　340円

3 式　80×(7－3)＝320
答え　320円

4 式　(24＋12)÷9＝4
答え　4まい

5 式　5×(9＋7)＝80
答え　80まい

6 式　(150－10)×6＝840
答え　840円

7 式　720÷(110－20)＝8
答え　8こ

8 式　(500＋250)÷5＝150
答え　150mL

9 式　(450＋200)×3＝1950
答え　1950mL

●ポイント　27回～32回のまとめです。正しい式が作れているか気をつけましょう。

34 1つの式でとく問題⑰ P.70・71

1 ①式　20÷4＝5，100×5＝500
答え　500円
②式　100×(20÷4)＝100×5
　　　　＝500
答え　500円

2 ①式　35÷5＝7，80×7＝560
答え　560円
②式　80×(35÷5)＝80×7
　　　　＝560
答え　560円

3 式　90×(100÷5)＝1800
答え　1800円

4 式　60×(75÷5)＝900
答え　900円

5 式　80×(120÷8)＝1200
答え　1200円

6 式　250×(60÷12)＝1250
1250g＝1kg250g
答え　1kg250g

7 式　2×(160÷20)＝16
答え　16m

●ポイント　○×(△÷□)の式を作って解く文章題です。(　)があるときは，(　)の中を先に計算することに注意しましょう。

35 1つの式でとく問題⑱ P.72・73

1 ①式　5×2＝10，40÷10＝4
答え　4箱
②式　40÷(5×2)＝40÷10
＝4
答え　4箱

2 ①式　10×2＝20，160÷20＝8
答え　8人
②式　160÷(10×2)＝160÷20
＝8
答え　8人

3 式　30÷(3×2)＝5
答え　5箱

4 式　420÷(30×2)＝7
答え　7人

5 式　72÷(4×2)＝9
答え　9箱

6 式　720÷(20×3)＝12
答え　12人

7 式　600÷(25×2)＝12
答え　12回

●ポイント　○÷(△×□)の式を作って解く文章題です。正しい式を作りましょう。

36 1つの式でとく問題⑲ P.74・75

1 ①式　150÷3＝50
400÷50＝8
答え　8本
②式　400÷(150÷3)
＝400÷50＝8
答え　8本

2 ①式　120÷4＝30
270÷30＝9
答え　9こ
②式　270÷(120÷4)
＝270÷30＝9
答え　9こ

3 式　540÷(300÷5)＝9
答え　9本

4 式　960÷(240÷3)＝12
答え　12こ

5 式　600÷(240÷2)＝5
答え　5さつ

6 式　6÷(9÷3)＝2
答え　2倍

7 式　24÷(12÷4)＝8
答え　8倍

●ポイント　○÷(△÷□)の式を作って解く文章題です。式を作ったら，(　)の中から計算することに気をつけましょう。

37 1つの式でとく問題⑳ P.76・77

1 式　(300＋180＋120)÷3
＝600÷3
＝200
答え　200円

2 式　(35＋32＋23)÷3
＝90÷3
＝30
答え　30こ

3 式　(150＋200＋130)÷60
＝480÷60
＝8
答え　8こ

4 式　(40×6−210)÷6
＝30÷6
＝5
答え　5円

5 式　(60×10−550)÷10
＝50÷10
＝5
答え　5円

6 式　(70×12−780)÷12
＝60÷12
＝5
答え　5円

7 式　(140×5−670)÷5
＝30÷5
＝6
答え　6円

8 式　(200×4−700)÷4
＝100÷4
＝25
答え　25円

38 1つの式でとく問題㉑ P.78・79

1 式　32−(7＋5)＝20
答え　20人

2 式　1000−(850−40)＝190
答え　190円

3 式　1080÷(110−20)＝12
答え　12さつ

4 式　(240＋270)÷3＝170
答え　170円

5 式　24×(17＋13)＝720
答え　720こ

6 式　6×(34−2)＝192
答え　192本

7 式　(140−10)×8＝1040
答え　1040円

8 式 70×(90÷6)=1050
答え 1050円
9 式 120÷(5×3)=8
答え 8箱

●ポイント ( )を使って1つの式に表し，答えを求める問題のまとめです。正しい式が作れているか，計算ミスをしていないかを確かめましょう。

39 がい数①

P.80・81

1 ① 300 ② 300 ③ 1400 ④ 2800 ⑤ 12600 ⑥ 29500
2 ① 4000 ② 8000 ③ 7000 ④ 26000 ⑤ 51000 ⑥ 64000
3 ① 30000 ② 90000 ③ 50000 ④ 250000 ⑤ 360000 ⑥ 710000
4 式 1300+2900=4200
答え およそ4200人
5 式 3200+2700=5900
答え およそ5900人
6 式 24000+18000=42000
答え およそ42000人
7 式 3200+4400=7600
答え およそ7600kg
8 式 3400+2700=6100
答え およそ6100kg
9 式 6000+6000=12000
答え およそ12000人

●ポイント がい数のたし算の文章題です。四捨五入してがい数にしてからたし算をします。また，問題文に「およそ…ですか」とあるように，がい数の答えには，「およそ」をつけることを忘れないようにしましょう。

40 がい数②

P.82・83

1 式 2700−1500=1200
答え およそ1200人
2 式 28000−17000=11000
答え およそ11000人
3 式 8700−7500=1200
答え およそ1200kg
4 式 4300−3800=500
答え およそ500kg
5 式 8000+6000=14000
答え およそ14000人
6 式 6300−4700=1600
答え およそ1600人
7 式 50000−47000=3000
答え およそ3000人
8 式 26000+17000=43000
答え およそ43000人
9 式 8600−7500=1100
答え 今年のほうが，およそ1100kg多い。

●ポイント 1～4は，がい数のひき算の文章題です。5～9は，がい数のたし算・ひき算のどちらかを使う問題です。四捨五入をまちがえないようにしましょう。

41 がい数③

P.84・85

1 ① 40 ② 70 ③ 100 ④ 300 ⑤ 5000 ⑥ 6000 ⑦ 5000 ⑧ 9000
2 式 80×70=5600
答え およそ5600kg
3 式 40×30=1200
答え およそ1200字
4 式 700×50=35000
答え およそ35000kg
5 式 900×70=63000
答え およそ63000円
6 式 400×200=80000
答え およそ80000m
7 式 700×200=140000
答え およそ140000円
8 式 600×200=120000
答え およそ120000円
9 式 9000×4000=36000000
答え およそ36000000円
10 式 8000×3000=24000000
答え およそ24000000円

●ポイント 積の見積もりの文章題です。かけられる数とかける数をがい数にしてから，かけ算をしましょう。答えは「およそ～」とします。

42 がい数④

P.86・87

1 式 900÷30=30
答え およそ30箱
2 式 6000÷30=200
答え およそ200m
3 式 80000÷40=2000
答え およそ2000円
4 式 800÷40=20
答え およそ20箱
5 式 60000÷200=300
答え およそ300円
6 式 60000÷30=2000

答え　およそ2000円

7 式　400000÷80=5000
答え　およそ5000円

8 式　300000÷5000=60
答え　およそ60台

9 式　200000÷40=5000
答え　およそ5000円

10 式　100000÷5000=20
答え　およそ20本

●ポイント　商の見積もりの文章題です。わられる数とわる数をがい数にしてから，わり算をしましょう。

43 小数のたし算とひき算①　P.88・89

1 式　2+1.6=3.6
答え　3.6kg

2 式　1.5+1.4=2.9
答え　2.9dL

3 式　3.8−3=0.8
答え　0.8kg

4 式　2.8−1.5=1.3
答え　1.3m

5 式　2.4−0.8=1.6
答え　1.6kg

6 式　1.4+0.3=1.7
答え　1.7L

7 式　2.8+0.5=3.3
答え　3.3m

8 式　4.9−2.5=2.4
答え　2.4m

9 式　3.2−1.4=1.8
答え　1.8kg

10 式　0.4+0.8=1.2
答え　1.2L

11 式　2.9+0.6=3.5
答え　3.5km

44 小数のたし算とひき算②　P.90・91

1 式　3.6+0.5=4.1
答え　4.1m

2 式　1.8−1=0.8
答え　0.8L

3 式　5−1.3=3.7
答え　3.7kg

4 式　1.5−0.6=0.9
答え　0.9L

5 式　15.3−13.5=1.8
答え　1.8L

6 式　1.4−0.7=0.7
答え　0.7m

7 式　0.3+0.8=1.1
答え　1.1kg

8 式　3.3−0.8=2.5
答え　2.5m

9 式　4.5+1.8=6.3
答え　6.3kg

10 式　10−5.2=4.8
答え　4.8km

11 式　1.8+0.8=2.6
答え　2.6L

●ポイント　小数のたし算とひき算の文章題です。小数点の位置をまちがえないように気をつけましょう。

45 小数のたし算とひき算③　P.92・93

1 式　1.36+0.51=1.87
答え　1.87L

2 式　0.24+3.24=3.48
答え　3.48kg

3 式　0.43+0.12=0.55
答え　0.55km

4 式　1.83+0.15=1.98
答え　1.98L

5 式　1.23+1.42=2.65
答え　2.65m

6 式　4.25+3.61=7.86
答え　7.86km

7 式　0.2+1.45=1.65
答え　1.65L

8 式　5.3+4.52=9.82
答え　9.82kg

9 式　0.4+3.22=3.62
答え　3.62m

10 式　2.5+0.43=2.93
答え　2.93kg

11 式　0.35+3.2=3.55
答え　3.55kg

●ポイント　小数のたし算を使う文章題です。筆算で計算するとミスが少なくなります。筆算は，小数点の位置をそろえて書き，$\frac{1}{100}$の位から順に計算します。

46 小数のたし算とひき算④　P.94・95

1 式　3.57+0.84=4.41
答え　4.41L

2 式　3.48+2.75=6.23
答え　6.23m

3 式　3.75+6.47=10.22
答え　10.22kg

4 式　2.37+3.65=6.02
答え　6.02km

5 式 3.78+6.22=10
答え 10kg
6 式 6.68+3.86=10.54
答え 10.54L
7 式 3.8+2.73=6.53
答え 6.53kg
8 式 1.83+1.5=3.33
答え 3.33L
9 式 0.8+2.56=3.36
答え 3.36kg
10 式 1.65+0.7=2.35
答え 2.35kg
11 式 8.78+1.5=10.28
答え 10.28kg

47 小数のたし算とひき算⑤ P.96・97

1 式 3.88−1.32=2.56
答え 2.56kg
2 式 8.55−4.25=4.3
答え 4.3m
3 式 1.85−0.23=1.62
答え 1.62L
4 式 1.38−1.25=0.13
答え たかやさんのほうが0.13km近い。
5 式 2.47−1.05=1.42
答え 1.42m
6 式 5.45−2.25=3.2
答え 3.2kg
7 式 3.25−2.2=1.05
答え 1.05kg
8 式 3.78−2.5=1.28
答え 1.28km
9 式 1.85−0.2=1.65
答え 1.65L
10 式 9.98−4.7=5.28
答え 5.28kg
11 式 35.58−3.5=32.08
答え 32.08m

48 小数のたし算とひき算⑥ P.98・99

1 式 1.83−1.67=0.16
答え 0.16L
2 式 8.36−5.77=2.59
答え 2.59kg
3 式 6.43−0.94=5.49
答え 5.49kg
4 式 1.22−0.75=0.47
答え 0.47kg
5 式 3.73−2.88=0.85
答え 0.85kg
6 式 5.46−0.89=4.57
答え 4.57m
7 式 5.5−3.75=1.75
答え 1.75m
8 式 10−3.25=6.75
答え 6.75m
9 式 2.24−1.9=0.34
答え 0.34m
10 式 1.5−0.87=0.63
答え 0.63km
11 式 1.2−0.84=0.36
答え 駅までのほうが0.36km遠い。

49 小数のかけ算とわり算① P.100・101

1 式 0.8×4=3.2
答え 3.2L
2 式 0.6×3=1.8
答え 1.8kg
3 式 1.2×4=4.8
答え 4.8m
4 式 1.4×5=7
答え 7kg
5 式 4.5×6=27
答え 27kg
6 式 1.32×4=5.28
答え 5.28L
7 式 3.14×3=9.42
答え 9.42kg
8 式 0.72×4=2.88
答え 2.88kg
9 式 3.62×5=18.1
答え 18.1m
10 式 2.75×3=8.25
答え 8.25kg
11 式 1.35×8=10.8
答え 10.8L

50 小数のかけ算とわり算② P.102・103

1 式 2.3×14=32.2
答え 32.2kg
2 式 2.6×14=36.4
答え 36.4kg
3 式 1.4×48=67.2
答え 67.2m
4 式 0.8×27=21.6
答え 21.6kg
5 式 0.6×14=8.4
答え 8.4km

6 式 1.87×25=46.75
答え 46.75kg
7 式 1.62×38=61.56
答え 61.56m
8 式 2.78×34=94.52
答え 94.52kg
9 式 3.55×85=301.75
答え 301.75kg
10 式 0.98×65=63.7
答え 63.7L
11 式 0.97×24=23.28
答え 23.28km

●ポイント (小数)×(2けたの整数)の計算の文章題です。答えの小数点が正しくつけられているか確かめましょう。

51 小数のかけ算とわり算③ P.104・105

1 式 7.5÷3=2.5
答え 2.5L
2 式 11.2÷4=2.8
答え 2.8kg
3 式 18.4÷8=2.3
答え 2.3kg
4 式 9.92÷8=1.24
答え 1.24L
5 式 7.72÷4=1.93
答え 1.93kg
6 式 2.8÷4=0.7
答え 0.7kg
7 式 3.5÷7=0.5
答え 0.5m
8 式 2.46÷6=0.41
答え 0.41L
9 式 4.35÷5=0.87
答え 0.87kg
10 式 7.92÷9=0.88
答え 0.88kg

●ポイント (小数)÷(1けたの整数)の計算の文章題です。答えの小数点の位置に注意しましょう。

52 小数のかけ算とわり算④ P.106・107

1 式 16.8÷12=1.4
答え 1.4L
2 式 43.2÷18=2.4
答え 2.4L
3 式 62.4÷24=2.6
答え 2.6kg
4 式 31.5÷18=1.75
答え 1.75kg
5 式 65.52÷26=2.52
答え 2.52m
6 式 68.75÷11=6.25
答え 6.25m
7 式 76.65÷15=5.11
答え 5.11kg
8 式 2.4÷12=0.2
答え 0.2L
9 式 5.2÷13=0.4
答え 0.4kg
10 式 25.92÷27=0.96
答え 0.96kg

●ポイント (小数)÷(2けたの整数)の計算の文章題です。答えの小数点の位置に注意しましょう。

53 小数のかけ算とわり算⑤ P.108・109

1 式 0.3×3=0.9
答え 0.9L
2 式 2.6×4=10.4
答え 10.4kg
3 式 0.42×3=1.26
答え 1.26m
4 式 1.78×26=46.28
答え 46.28kg
5 式 0.95×36=34.2
答え 34.2L
6 式 7.2÷3=2.4
答え 2.4m
7 式 17.5÷5=3.5
答え 3.5g
8 式 5.16÷6=0.86
答え 0.86L
9 式 34.27÷23=1.49
答え 1.49kg
10 式 17.25÷75=0.23
答え 0.23m

●ポイント (小数)×(整数)や，(小数)÷(整数)の計算を使う文章題のまとめです。どちらも答えの小数点の位置に注意しましょう。

54 小数のかけ算とわり算⑥ P.110・111

1 式 7.5÷2=3あまり1.5
答え 3本できて，1.5mあまる。
2 式 8.5÷2=4あまり0.5
答え 4本できて，0.5Lあまる。
3 式 33.2÷4=8あまり1.2
答え 8ふくろできて，1.2kgあまる。
4 式 45.8÷5=9あまり0.8
答え 9かんできて，0.8Lあまる。

5 式　52.4÷6＝8あまり4.4
答え　8ふくろできて，4.4kgあまる。
6 式　36.8÷3＝12あまり0.8
答え　12本できて，0.8Lあまる。
7 式　31.9÷2＝15あまり1.9
答え　15日分になり，1.9kgあまる。
8 式　49.5÷4＝12あまり1.5
答え　12ふくろできて，1.5kgあまる。
9 式　94.3÷12＝7あまり10.3
答え　7箱できて，10.3kgあまる。
10 式　69.2÷25＝2あまり19.2
答え　2本できて，19.2mあまる。
11 式　87.6÷18＝4あまり15.6
答え　4つできて，15.6Lあまる。

●ポイント　(小数)÷(整数)で，商を整数で求め，あまりが出る計算の問題です。計算のとき，あまりの小数点の位置に注意しましょう。

55 小数のかけ算とわり算⑦　P.112・113

1 式　8÷5＝1.6
答え　1.6m
2 式　6÷4＝1.5
答え　1.5L
3 式　15÷6＝2.5
答え　2.5m
4 式　5.88÷2＝2.94
答え　2.94倍
5 式　5.4÷4＝1.35
答え　1.35倍
6 式　34.2÷4＝8.55
答え　8.55g
7 式　21÷5＝4.2
答え　4.2m
8 式　5.2÷8＝0.65
答え　0.65L
9 式　41.4÷15＝2.76
答え　2.76kg
10 式　12.6÷36＝0.35
答え　0.35L

●ポイント　(整数)÷(整数)＝(小数)，(小数)÷(整数)＝(小数)の文章題です。計算はわり切れるまでします。

56 小数のかけ算とわり算⑧　P.114・115

1 式　7÷3＝2.3~~3~~…
答え　約2.3L
2 式　8÷6＝1.3~~3~~…
答え　約1.3m
3 式　46÷7＝6.5~~7~~…（6）
答え　約6.6kg
4 式　7÷12＝0.58~~3~~…
答え　約0.58L
5 式　64÷21＝3.04~~7~~…（5）
答え　約3.05kg
6 式　5÷6＝0.8~~3~~…（※「0.83…」のような数のうち，0はけた数に入れないことに注意しよう。）
答え　約0.8m
7 式　5.2÷6＝0.8~~6~~…（9）
答え　約0.9L
8 式　8.4÷9＝0.93~~3~~…
答え　約0.93m
9 式　28.4÷18＝1.5~~7~~…（6）
答え　約1.6L
10 式　53.8÷21＝2.5~~6~~…（6）
答え　約2.6kg
11 式　62.4÷14＝4.4~~5~~…（5）
答え　約4.5m

57 小数のかけ算とわり算⑨　P.116・117

1 式　5.7×7＝39.9
答え　39.9dL
2 式　3.6×24＝86.4
答え　86.4kg
3 式　2.53×28＝70.84
答え　70.84m
4 式　9.1÷7＝1.3
答え　1.3L
5 式　76.32÷24＝3.18
答え　3.18kg
6 式　38.4÷4＝9あまり2.4
答え　9ふくろできて，2.4kgあまる。
7 式　53.4÷22＝2あまり9.4
答え　2本できて，9.4mあまる。
8 式　27÷6＝4.5
答え　4.5kg
9 式　31.5÷25＝1.26
答え　1.26L
10 式　41.4÷12＝3.45
答え　3.45倍
11 式　7.4÷6＝1.2~~3~~…
答え　約1.2L
12 式　68.4÷25＝2.7~~3~~…
答え　約2.7m

58 分数のたし算とひき算①　P.118・119

1 式　$\frac{1}{5}+\frac{2}{5}=\frac{3}{5}$　答え　$\frac{3}{5}$L
2 式　$\frac{1}{4}+\frac{2}{4}=\frac{3}{4}$　答え　$\frac{3}{4}$m
3 式　$\frac{2}{7}+\frac{3}{7}=\frac{5}{7}$　答え　$\frac{5}{7}$kg

4 式 $\frac{4}{7}+\frac{2}{7}=\frac{6}{7}$ 答え $\frac{6}{7}$L

5 式 $\frac{5}{9}+\frac{3}{9}=\frac{8}{9}$ 答え $\frac{8}{9}$km

6 式 $\frac{3}{5}+\frac{1}{5}=\frac{4}{5}$ 答え $\frac{4}{5}$L

7 式 $\frac{3}{5}+\frac{2}{5}=\frac{5}{5}=1$ 答え 1L

8 式 $\frac{2}{7}+\frac{5}{7}=\frac{7}{7}=1$ 答え 1m

9 式 $\frac{3}{7}+\frac{4}{7}=\frac{7}{7}=1$ 答え 1L

10 式 $\frac{1}{8}+\frac{7}{8}=\frac{8}{8}=1$ 答え 1kg

11 式 $\frac{3}{6}+\frac{3}{6}=\frac{6}{6}=1$ 答え 1km

●ポイント 分数のたし算を使う文章題です。同じ分母の分数のたし算は，分母はそのままで，分子どうしをたします。7～11のように，答えの分母と分子が等しくなるときは1にすることに注意しましょう。

59 分数のたし算とひき算② P.120・121

1 式 $\frac{2}{5}+\frac{3}{5}=\frac{5}{5}=1$ 答え 1L

2 式 $\frac{2}{5}+\frac{4}{5}=\frac{6}{5}=1\frac{1}{5}$

答え $1\frac{1}{5}$m $\left(\frac{6}{5}\text{m}\right)$

3 式 $\frac{3}{5}+\frac{4}{5}=\frac{7}{5}=1\frac{2}{5}$

答え $1\frac{2}{5}$L $\left(\frac{7}{5}\text{L}\right)$

4 式 $\frac{4}{9}+\frac{5}{9}=\frac{9}{9}=1$ 答え 1L

5 式 $\frac{6}{9}+\frac{5}{9}=\frac{11}{9}=1\frac{2}{9}$

答え $1\frac{2}{9}$m $\left(\frac{11}{9}\text{m}\right)$

6 式 $\frac{5}{7}+\frac{2}{7}=\frac{7}{7}=1$ 答え 1kg

7 式 $\frac{3}{7}+\frac{5}{7}=\frac{8}{7}=1\frac{1}{7}$

答え $1\frac{1}{7}$L $\left(\frac{8}{7}\text{L}\right)$

8 式 $\frac{2}{4}+\frac{3}{4}=\frac{5}{4}=1\frac{1}{4}$

答え $1\frac{1}{4}$L $\left(\frac{5}{4}\text{L}\right)$

9 式 $\frac{4}{6}+\frac{2}{6}=\frac{6}{6}=1$ 答え 1L

10 式 $\frac{1}{5}+\frac{6}{5}=\frac{7}{5}=1\frac{2}{5}$

答え $1\frac{2}{5}$m $\left(\frac{7}{5}\text{m}\right)$

11 式 $\frac{1}{3}+\frac{4}{3}=\frac{5}{3}=1\frac{2}{3}$

答え $1\frac{2}{3}$m $\left(\frac{5}{3}\text{m}\right)$

●ポイント 分数のたし算を使う文章題です。答えが仮分数になったときは，帯分数に直しましょう。ただし，教科書によっては，仮分数のままでもよいとしているものもあります。

60 分数のたし算とひき算③ P.122・123

1 式 $\frac{4}{5}-\frac{1}{5}=\frac{3}{5}$ 答え $\frac{3}{5}$m

2 式 $\frac{4}{5}-\frac{2}{5}=\frac{2}{5}$ 答え $\frac{2}{5}$L

3 式 $\frac{4}{5}-\frac{3}{5}=\frac{1}{5}$ 答え $\frac{1}{5}$kg

4 式 $\frac{7}{9}-\frac{2}{9}=\frac{5}{9}$ 答え $\frac{5}{9}$L

5 式 $\frac{8}{9}-\frac{4}{9}=\frac{4}{9}$ 答え $\frac{4}{9}$kg

6 式 $\frac{7}{8}-\frac{2}{8}=\frac{5}{8}$ 答え $\frac{5}{8}$m

7 式 $\frac{6}{7}-\frac{2}{7}=\frac{4}{7}$ 答え $\frac{4}{7}$kg

8 式 $\frac{6}{9}-\frac{4}{9}=\frac{2}{9}$ 答え $\frac{2}{9}$kg

9 式 $\frac{9}{10}-\frac{2}{10}=\frac{7}{10}$ 答え $\frac{7}{10}$kg

10 式 $\frac{5}{7}-\frac{3}{7}=\frac{2}{7}$ 答え $\frac{2}{7}$L

11 式 $\frac{8}{9}-\frac{6}{9}=\frac{2}{9}$

答え 駅のほうが$\frac{2}{9}$km遠くにある。

●ポイント 分数のひき算を使う文章題です。同じ分母の分数のひき算は，分母はそのままで分子どうしをひきます。

61 分数のたし算とひき算④ P.124・125

1 式 $1-\frac{1}{5}=\frac{5}{5}-\frac{1}{5}=\frac{4}{5}$

答え $\frac{4}{5}$m

2 式 $1-\frac{1}{4}=\frac{4}{4}-\frac{1}{4}=\frac{3}{4}$

答え $\frac{3}{4}$L

3 式　$1-\frac{4}{5}=\frac{5}{5}-\frac{4}{5}=\frac{1}{5}$

答え　$\frac{1}{5}$L

4 式　$1-\frac{3}{8}=\frac{8}{8}-\frac{3}{8}=\frac{5}{8}$

答え　$\frac{5}{8}$m

5 式　$1-\frac{7}{10}=\frac{10}{10}-\frac{7}{10}=\frac{3}{10}$

答え　$\frac{3}{10}$km

6 式　$\frac{6}{5}-\frac{2}{5}=\frac{4}{5}$　答え　$\frac{4}{5}$m

7 式　$\frac{6}{4}-\frac{3}{4}=\frac{3}{4}$　答え　$\frac{3}{4}$kg

8 式　$\frac{8}{7}-\frac{5}{7}=\frac{3}{7}$　答え　$\frac{3}{7}$m

9 式　$\frac{7}{5}-\frac{4}{5}=\frac{3}{5}$　答え　$\frac{3}{5}$L

10 式　$\frac{11}{9}-\frac{6}{9}=\frac{5}{9}$　答え　$\frac{5}{9}$kg

11 式　$\frac{7}{3}-\frac{5}{3}=\frac{2}{3}$　答え　$\frac{2}{3}$km

●ポイント　分数のひき算を使う文章題です。1から分数をひくときは，1を分数に直してからひきます。

62 分数のたし算とひき算⑤　P.126・127

1 式　$\frac{2}{7}+3=3\frac{2}{7}$　答え　$3\frac{2}{7}$m

2 式　$2+\frac{8}{9}=2\frac{8}{9}$　答え　$2\frac{8}{9}$L

3 式　$3\frac{1}{4}+2=5\frac{1}{4}$　答え　$5\frac{1}{4}$m

4 式　$1\frac{1}{4}+1=2\frac{1}{4}$　答え　$2\frac{1}{4}$L

5 式　$2+3\frac{5}{6}=5\frac{5}{6}$　答え　$5\frac{5}{6}$m

6 式　$\frac{5}{8}+1\frac{2}{8}=1\frac{7}{8}$　答え　$1\frac{7}{8}$m

7 式　$\frac{5}{7}+1\frac{1}{7}=1\frac{6}{7}$　答え　$1\frac{6}{7}$m

8 式　$2\frac{3}{4}+\frac{2}{4}=2\frac{5}{4}=3\frac{1}{4}$

答え　$3\frac{1}{4}$m

9 式　$2\frac{4}{10}+\frac{9}{10}=2\frac{13}{10}=3\frac{3}{10}$

答え　$3\frac{3}{10}$kg

10 式　$4\frac{3}{7}+\frac{6}{7}=4\frac{9}{7}=5\frac{2}{7}$

答え　$5\frac{2}{7}$L

11 式　$2\frac{4}{5}+\frac{3}{5}=2\frac{7}{5}=3\frac{2}{5}$

答え　$3\frac{2}{5}$kg

●ポイント　分数のたし算を使う文章題です。分数部分が仮分数になったときは，整数部分にくり上げます。

63 分数のたし算とひき算⑥　P.128・129

1 式　$1\frac{1}{4}+2\frac{2}{4}=3\frac{3}{4}$

答え　$3\frac{3}{4}$kg

2 式　$1\frac{2}{5}+3\frac{1}{5}=4\frac{3}{5}$

答え　$4\frac{3}{5}$kg

3 式　$3\frac{2}{6}+1\frac{3}{6}=4\frac{5}{6}$

答え　$4\frac{5}{6}$m

4 式　$1\frac{6}{8}+1\frac{1}{8}=2\frac{7}{8}$

答え　$2\frac{7}{8}$L

5 式　$1\frac{2}{7}+1\frac{3}{7}=2\frac{5}{7}$

答え　$2\frac{5}{7}$m

6 式　$1\frac{4}{5}+1\frac{1}{5}=2\frac{5}{5}=3$

答え　3 L

7 式　$1\frac{4}{6}+1\frac{2}{6}=2\frac{6}{6}=3$

答え　3 L

8 式　$2\frac{5}{8}+1\frac{3}{8}=3\frac{8}{8}=4$

答え　4 m

9 式　$1\frac{6}{7}+1\frac{2}{7}=2\frac{8}{7}=3\frac{1}{7}$

答え　$3\frac{1}{7}$kg

10 式　$4\frac{4}{9}+1\frac{6}{9}=5\frac{10}{9}=6\frac{1}{9}$

答え　$6\frac{1}{9}$m

11 式　$1\frac{5}{9}+4\frac{5}{9}=5\frac{10}{9}=6\frac{1}{9}$

答え　$6\frac{1}{9}$kg

●ポイント　分数のたし算を使う文章題です。分子と分母が等しくなるとき，整数部分にくり上げるのを忘れないように気をつけましょう。

64 分数のたし算とひき算⑦　P.130・131

1 式　$3\frac{4}{7}-2=1\frac{4}{7}$　答え　$1\frac{4}{7}$L

2 式　$2\frac{5}{6}-2=\frac{5}{6}$　答え　$\frac{5}{6}$m

3 式　$2\frac{1}{5}-2=\frac{1}{5}$　答え　$\frac{1}{5}$kg

4 式　$7\frac{5}{8}-4=3\frac{5}{8}$　答え　$3\frac{5}{8}$m

5 式　$2\frac{5}{8}-\frac{4}{8}=2\frac{1}{8}$　答え　$2\frac{1}{8}$kg

6 式　$2\frac{4}{6}-\frac{3}{6}=2\frac{1}{6}$　答え　$2\frac{1}{6}$L

7 式　$3\frac{4}{5}-\frac{2}{5}=3\frac{2}{5}$　答え　$3\frac{2}{5}$L

8 式　$3\frac{1}{7}-\frac{5}{7}=2\frac{8}{7}-\frac{5}{7}=2\frac{3}{7}$

答え　$2\frac{3}{7}$kg

9 式　$2\frac{1}{4}-\frac{2}{4}=1\frac{5}{4}-\frac{2}{4}=1\frac{3}{4}$

答え　$1\frac{3}{4}$kg

10 式　$2\frac{5}{8}-\frac{6}{8}=1\frac{13}{8}-\frac{6}{8}=1\frac{7}{8}$

答え　$1\frac{7}{8}$m

11 式　$3\frac{4}{6}-\frac{5}{6}=2\frac{10}{6}-\frac{5}{6}=2\frac{5}{6}$

答え　$2\frac{5}{6}$m

●ポイント　分数のひき算を使う文章題です。分数部分でひけないときは，整数部分からくり下げて計算しましょう。

65 分数のたし算とひき算⑧　P.132・133

1 式　$2\frac{4}{8}-1\frac{1}{8}=1\frac{3}{8}$

答え　$1\frac{3}{8}$kg

2 式　$2\frac{5}{6}-2\frac{4}{6}=\frac{1}{6}$　答え　$\frac{1}{6}$kg

3 式　$2\frac{4}{7}-1\frac{2}{7}=1\frac{2}{7}$

答え　$1\frac{2}{7}$L

4 式　$3\frac{1}{4}-1\frac{2}{4}=2\frac{5}{4}-1\frac{2}{4}=1\frac{3}{4}$

答え　$1\frac{3}{4}$kg

5 式　$2\frac{3}{5}-1\frac{4}{5}=1\frac{8}{5}-1\frac{4}{5}=\frac{4}{5}$

答え　$\frac{4}{5}$m

6 式　$3\frac{1}{6}-2\frac{2}{6}=2\frac{7}{6}-2\frac{2}{6}=\frac{5}{6}$

答え　$\frac{5}{6}$kg

7 式　$2\frac{3}{8}-1\frac{4}{8}=1\frac{11}{8}-1\frac{4}{8}=\frac{7}{8}$

答え　$\frac{7}{8}$kg

8 式　$6\frac{3}{5}-2\frac{4}{5}=5\frac{8}{5}-2\frac{4}{5}=3\frac{4}{5}$

答え　$3\frac{4}{5}$m

9 式　$2-\frac{5}{6}=1\frac{6}{6}-\frac{5}{6}=1\frac{1}{6}$

答え　$1\frac{1}{6}$L

10 式　$2-1\frac{2}{7}=1\frac{7}{7}-1\frac{2}{7}=\frac{5}{7}$

答え　$\frac{5}{7}$m

11 式　$2-1\frac{1}{8}=1\frac{8}{8}-1\frac{1}{8}=\frac{7}{8}$

答え　$\frac{7}{8}$L

●ポイント　分数のひき算を使う文章題です。分数部分でひけないときは，整数部分からくり下げて計算しましょう。

66 かわり方調べ①　P.134・135

1 ①

しおりさんの本数(□本)	1	2	3	4	5	6	…
妹の本数(○本)	9	8	7	6	5	4	…

②答え　1本へる。

③答え　□＋○＝10

④答え　2

2 ①

たくみさんのまい数(□まい)	1	2	3	4	5	6	…
妹のまい数(○まい)	11	10	9	8	7	6	…

②答え　□＋○＝12
③答え　3

3 ①

飲んだジュースのりょう(□dL)	1	2	3	4	5	6	7	…
のこったジュースのりょう(○dL)	17	16	15	14	13	12	11	…

②答え　□＋○＝18
③答え　10

4 ①

横の長さ(□cm)	1	2	3	4	5	6	7
たての長さ(○cm)	7	6	5	4	3	2	1

②答え　□＋○＝8
③答え　2

●ポイント　決まった数量を2つに分けるとき，2つの数量の関係を表を使って調べ，式に表す問題です。変わり方をきちんと理解しましょう。

67 かわり方調べ②

P.136・137

1 ①

正三角形の数(□こ)	1	2	3	4	5	6	…
まわりの長さ(○cm)	3	4	5	6	7	8	…

②答え　□＋2＝○
③答え　10

2 ①

正方形の数(□こ)	1	2	3	4	5	…
たてと横の長さの和(○cm)	2	3	4	5	6	…

②答え　□＋1＝○
③答え　8

3 ①

ゆうきさんの年れい(□才)	1	2	3	4	5	6	…
おじいさんの年れい(○才)	51	52	53	54	55	56	…

②答え　□＋50＝○
③答え　70

4 ①

買うえん筆の本数(□本)	1	2	3	4	5	…
全部のえん筆の本数(○本)	13	14	15	16	17	…

②答え　□＋12＝○
③答え　20
④答え　6

●ポイント　一方の数量が，他方の数量よりいつも決まった数だけ大きい関係です。

68 かわり方調べ③

P.138・139

1 ①

切手のまい数(□まい)	1	2	3	4	5	6	…
切手の代金(○円)	20	40	60	80	100	120	…

②答え　20円
③答え　20×□＝○
④答え　160

2 ①

えん筆の本数(□本)	1	2	3	4	5	6	…
えん筆の代金(○円)	50	100	150	200	250	300	…

②答え　50×□＝○
③答え　350

3 ①

ノートのさっ数(□さつ)	1	2	3	4	5	6	…
ノートの代金(○円)	150	300	450	600	750	900	…

②答え　150×□＝○
③答え　1200
④答え　10

4 ①

リボンの長さ(□m)	1	2	3	4	5	…
リボンの代金(○円)	120	240	360	480	600	…

②答え　120×□＝○
③答え　840
④答え　8

69 かわり方調べ④

P.140・141

1 ①

1辺の長さ(□cm)	1	2	3	4	5	6	…
まわりの長さ(○cm)	4	8	12	16	20	24	…

②答え　□×4＝○
③答え　32
④答え　100
⑤答え　7
⑥答え　30

2 ①

1辺の長さ(□cm)	1	2	3	4	5	6	…
まわりの長さ(○cm)	3	6	9	12	15	18	…

②答え　□×3＝○
③答え　24
④答え　72
⑤答え　12
⑥答え　35

70 かわり方調べ⑤ P.142・143

1 ①

正方形の数(□こ)	1	2	3	4	5	6	7	…
ひごの本数(○本)	4	7	10	13	16	19	22	…

② 3本
③ (ア)1
(イ)2，7
(ウ)3，10
④答え　3×□+1=○
⑤答え　31
⑥答え　9

2 ①

長方形の数(□こ)	1	2	3	4	5	6	…
まわりの長さ(○cm)	6	8	10	12	14	16	…

② 2cm
③ (ア)1
(イ)2，8
(ウ)3，10
④答え　2×□+4=○
⑤答え　20
⑥答え　12

71 かんたんな割合(わりあい) P.144・145

1 ①式　30÷10=3
答え　3倍
②式　40÷20=2
答え　2倍
③答え　Aのゴム

2 式　(Aの包帯) 40÷10=4
(Bの包帯) 45÷15=3
答え　Aの包帯

3 式　(Aのゴム) 48÷24=2
(Bのゴム) 36÷12=3
答え　Bのゴム

4 式　(白色の包帯) 72÷24=3
(水色の包帯) 64÷16=4
答え　水色の包帯

5 式　(トマト) 160÷80=2
(にんじん) 120÷40=3
答え　にんじん

6 式　(キャベツ) 270÷90=3
(レタス) 360÷180=2
答え　キャベツ

7 式　(だいこん) 240÷80=3
(ブロッコリー) 320÷160=2
答え　だいこん

●ポイント　割合をくらべて解く問題です。何倍かを求めるので，わり算を使います。

72 いろいろな問題① P.146・147

1 ①式　16－4=12，12÷2=6
答え　6こ
②式　6+4=10　答え　10こ

2 式　18－4=14，14÷2=7
7+4=11
答え　赤い色紙…7まい，
青い色紙…11まい

3 式　28－4=24，24÷2=12
12+4=16
答え　すずめ…12わ，はと…16わ

4 式　12－10=2，2÷2=1
答え　1こ

5 式　15－11=4，4÷2=2
答え　2本

6 式　20－12=8，8÷2=4
答え　4まい

7 式　24－12=12，12÷2=6
答え　6まい

8 式　100－50=50，50÷2=25
答え　25円

●ポイント　1～3「全体の数－差の数」は，少ない方の数の2倍になっています。この式の意味を理解しているかが重要です。式が立てづらい場合は，次のような図を使って，問題文や式の意味を理解しましょう。

2

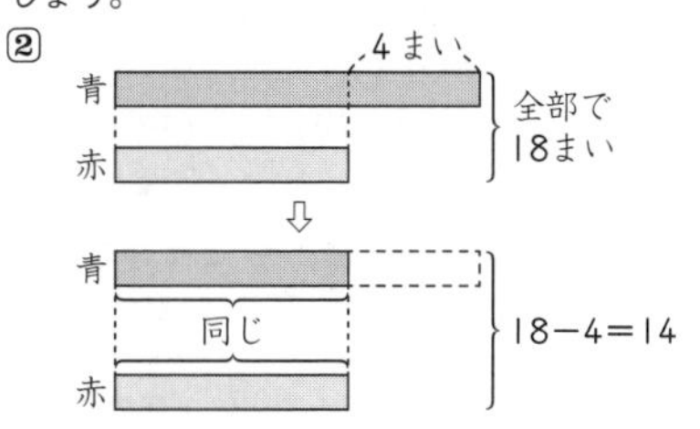

また，余力のある人は，多い方の数から答えを出してみましょう。「全体の数+差の数」が多い方の数の2倍になることから考えます。

4～8「多い方の数－少ない方の数」の半分を，少ない方にあげると，2人の数が同じになります。次のように図に表すと，考えやすくなります。

5

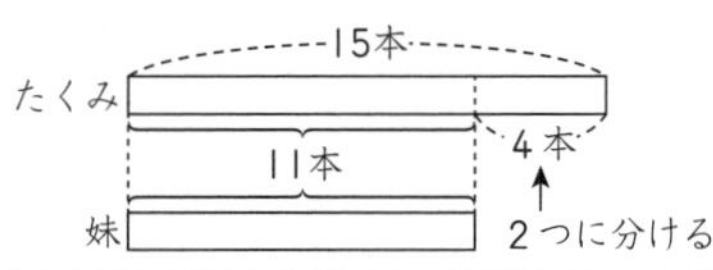

73 いろいろな問題② P.148・149

1 式 70－20＝50
答え 50円

2 式 120－20＝100
100÷２＝50
答え 50円

3 式 210－30＝180
180÷３＝60
答え 60円

4 式 300－20＝280
280÷４＝70
答え 70円

5 式 370－130＝240
240÷４＝60
答え 60円

6 式 440－140＝300
300÷５＝60
答え 60円

7 式 300－60＝240
240÷２＝120
答え 120円

8 式 610－250＝360
360÷４＝90
答え 90円

9 式 460－70＝390
390÷３＝130
答え 130円

10 式 (920－80)÷６＝140
答え 140円

●ポイント 問題文から，順にもどして考えます。まずは，「全部の代金－１個買った品物の値段」で，残りの代金を求めましょう。「残りの代金÷同じ値段の品物の数」で，その品物１個の値段になります。

3 210 － 30 ＝ 180
（えん筆３本 消しゴム１個）（消しゴム １個）（えん筆 ３本）

180 ÷ 3 ＝ 60
（えん筆 ３本）（本数）（えん筆 １本）

また，余力のある人は，10のように残りの代金を（　）にまとめて，１つの式に表して答えを出してみましょう。

4 (300－20)÷４＝70

74 いろいろな問題③ P.150・151

1 ①式 ５－１＝４ 答え ４こ
②式 ４×３＝12 答え 12こ

2 ①式 ５－２＝３ 答え ３まい
②式 ３×４＝12 答え 12まい

3 ①式 ５－２＝３ 答え ３こ
②式 ３×３＝９ 答え ９こ

4 式 10－２＝８，８×３＝24
答え 24こ

5 式 12－３＝９，９×４＝36
答え 36まい

6 式 16－４＝12，12×５＝60
答え 60こ

7 式 (18－３)×６＝90
答え 90こ

●ポイント 問題文から，順にもどして考えます。まずは，「持っている数－あとからもらった数」で，「同じ数ずつ分けた１人分の数」を求めましょう。「１人分の数×分けた人数」が，はじめにあった数になります。
余力のある人は，7のように，（　）を使った１つの式に表して答えを出してみましょう。

4 (10－２)×３＝24

75 いろいろな問題④ P.152・153

1 ①式 18÷２＝９，９÷３＝３
答え ３ｍ
②式 18÷(２×３)＝18÷６
＝３
答え ３ｍ

2 ①式 24÷４＝６，６÷２＝３
答え ３まい
②式 24÷(４×２)＝24÷８
＝３
答え ３まい

3 式 30÷(３×２)＝30÷６
＝５
答え ５ｍ

4 式 36÷(３×３)＝36÷９
＝４
答え ４こ

5 式 60÷(２×３)＝60÷６
＝10
答え 10kg

6 式 96÷(４×３)＝96÷12
＝８
答え ８まい

●ポイント　何倍になるかを考えて解く問題です。問題文をよく読んで，何が何の何倍になっているかをしっかりおさえましょう。次のように，1番数値の小さいものを基準にして，全体を図で表すと理解しやすくなるでしょう。

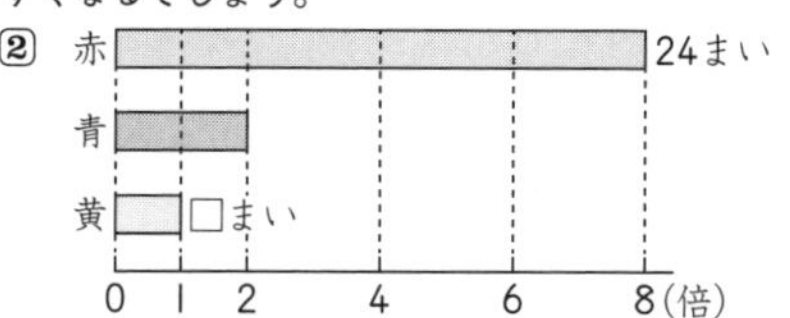

76 いろいろな問題⑤

P.154・155

1 ①式　400－160＝240
　　240÷2＝120
　答え　120円
②式　160－120＝40
　答え　40円

2 ①式　330－120＝210
　　210÷3＝70
　答え　70円
②式　120－70＝50
　答え　50円

3 式　160－100＝60，60÷2＝30
　　100－30＝70
答え　りんご…70円，
　　みかん…30円

4 式　900－580＝320
　　320÷4＝80
　　80×6＝480
　　580－480＝100
答え　なし…80円，かご…100円

5 式　970－790＝180
　　180÷2＝90
　　790－90＝700
答え　すいか…700円，もも…90円

6 式　820－610＝210
　　210÷3＝70
　　70×5＝350
　　610－350＝260
　　260÷2＝130
答え　ノート…130円，
　　えん筆…70円

●ポイント　同じになっているものを見つけ，代金の差が何を表しているかをおさえることが重要です。式が立てづらい場合は，次のような図をかいて，問題文を理解しましょう。

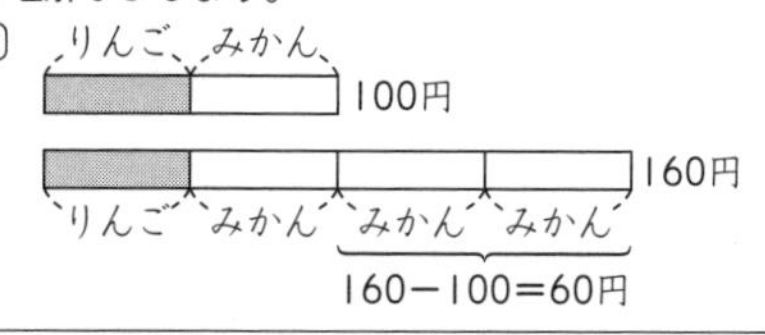

77 4年のまとめ①

P.156・157

1 式　525÷75＝7
答え　7本

2 式　3.26－2.78＝0.48
答え　えいたさんが0.48m長くとんだ。

3 式　125×5＋45＝670
答え　670円

4 ①答え　□＋○＝28
②答え　12

5 式　2874⟶3000
　　4189⟶4000
　　3000＋4000＝7000
答え　およそ7000こ

6 式　2.35×24＝56.4
答え　56.4m

7 式　$1\frac{3}{7}+2\frac{5}{7}=3\frac{8}{7}$
　　$=4\frac{1}{7}$
答え　$4\frac{1}{7}$L

8 式　315÷36＝8あまり27
答え　8箱できて27こあまる。

9 式　75－14×4＝19
答え　19m

10 式　4.92÷12＝0.41
答え　0.41L

11 式　15×33－24＝471
答え　471まい

78 4年のまとめ②

P.158・159

1 式　430×16＋250＝7130
答え　7130g

2 式　6.45÷15＝0.43
答え　0.43m

3 ①答え　45×□＝○
②答え　225
③答え　8

4 式　(にんじん) 135÷45＝3
　　(さつまいも) 180÷90＝2
答え　にんじん

5 式　335÷45＝7あまり20
　　7＋1＝8
答え　8台

6 式　480⟶500　28⟶30
　　500×30＝15000
答え　およそ15000m

7 式 $3\frac{3}{7}-1\frac{5}{7}=2\frac{10}{7}-1\frac{5}{7}$

$=1\frac{5}{7}$

答え $1\frac{5}{7}$L

8 式 24.6÷14＝1.75…（8）

答え 約1.8L

9 式 (50＋80)×17＝130×17

＝2210

答え 2210円

10 式 28－12＝16，16÷2＝8

8＋12＝20

答え えん筆…20本

ボールペン…8本

●ポイント がい数を表すときには「およそ」や「約」ということばを使います。どちらのことばを使っても正しいので，両方のことばに慣れておきましょう。6や8のような問題のときには，問題文で使われている言い方にあわせて答えるとよいでしょう。

ひとやすみの答え

P.37

		1	②
×		1	②
		②	4
	1	②	
	1	4	4

P.79 ① 1 1 1 － 1 1 ＝100

② 5 × 5 × 5 － 5 × 5 ＝100

2410R10